气候变化对中国主要作物生产影响概率预测地图集

刘玉洁　著

U0345226

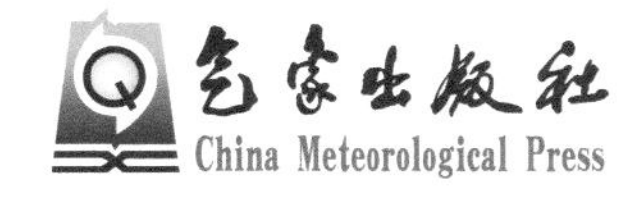
气象出版社
China Meteorological Press

图书在版编目（CIP）数据

气候变化对中国主要作物生产影响概率预测地图集 / 刘玉洁著. -- 北京：气象出版社, 2020.8

ISBN 978-7-5029-7258-5

Ⅰ. ①气…　Ⅱ. ①刘…　Ⅲ. ①气候变化—影响—作物—中国—图集　Ⅳ. ① S5-64

中国版本图书馆 CIP 数据核字（2020）第 156863 号

审图号：GS（2020）3141 号

气候变化对中国主要作物生产影响概率预测地图集

QIHOU BIANHUA DUI ZHONGGUO ZHUYAO ZUOWU SHENGCHAN YINGXIANG GAILÜ YUCE DITUJI

刘玉洁　著

出版发行：气象出版社
地　　址：北京市海淀区中关村南大街 46 号　　**邮　　编：**100081
电　　话：010-68407112（总编室）　010-68408042（发行部）
网　　址：http://www.qxcbs.com　　E-mail：qxcbs@cma.gov.cn
责任编辑：蔺学东　　**终　　审：**吴晓鹏
责任校对：张硕杰　　**责任技编：**赵相宁
封面设计：楠竹文化
印　　刷：北京建宏印刷有限公司
开　　本：787mm × 1092mm　1/16　　**印　　张：**5
字　　数：150 千字
版　　次：2020 年 8 月第 1 版　　**印　　次：**2020 年 8 月第 1 次印刷
定　　价：55.00 元

前　言

PREFACE

农业是对气候变化响应最为敏感的领域之一。增温和 CO_2 浓度升高会显著影响地区农业气候、水和土地资源，并进一步影响到作物的生长发育和生产等过程。中国是农业大国，也是遭受气候变化不利影响较为严重的发展中国家，未来的气候变化可能会加剧农业生产的不稳定性。因此，识别未来气候变化下作物生产的变化特征及其时空分异对于提高我国农业适应气候变化能力具有重要意义。针对当前气候变化影响预测研究中普遍存在的利用单一排放情景和单一气候模式输出导致的不确定性问题，本地图集采用多模式（全球气候模式：GFDL-ESM2M、HadGEM2-ES、IPSL-CM5A-LR、MIROCESM-CHEM、NorESM1-M）、多情景（典型浓度路径（Representative Concentration Pathways，RCPs）：RCP2.6、RCP4.5、RCP8.5）的气候预估数据，结合改进后的作物模型模拟了基准期（1981—2010 年）和近期（2011—2040 年）三个情景（RCP2.6、RCP4.5 和 RCP8.5）下中国 10 个小麦种植区和 4 个玉米种植区作物的物候和产量，为保障地区粮食安全和促进农业可持续发展提供参考。

地图集由序图、小麦生产变化、玉米生产变化三个部分组成。

第一部分“序图”，对研究区域的基本情况进行介绍，包括自然地理条件以及农业生产概况，为读者了解中国作物生产情况提供了耕地分布范围、主要耕作制度以及种植比例等地理背景信息。

第二部分“小麦生产变化”，包括基准期以及 RCP2.6、RCP4.5、RCP8.5 情景下近期中国春、冬小麦的物候与产量空间分布及相对于基准期的变化，反映了气候变化背景下中国小麦的生产情况及其变化特征。

第三部分“玉米生产变化”，包括基准期以及 RCP2.6、RCP4.5、RCP8.5 情景下近期中国玉米的物候与产量空间分布及相对于基准期的变化，反映了气候变化背景下中国玉米的生产情况及其变化特征。

地图集中小麦的分区依据赵广才[①]的种植区划，将全国划分为 10 个小麦种植区，其中，春小麦种植区包括东北春麦区、北部春麦区、西北春麦区、新疆冬春兼播麦区和青藏春冬兼播麦区；冬小麦种植区包括北部冬麦区、黄淮冬麦区、长江中下游冬麦区、西南冬麦区、华南冬麦区、新疆冬春兼播麦区和青藏春冬兼播麦区。玉米的分区依据佟屏亚[②]的种植区划，将全国划分为 4 个玉米种植区：西北内陆玉米区、北方春玉米区、黄淮平原春夏播玉米区和西南山地丘陵玉米区。本地图集选择的关键物候期包括播种期、开花期和成熟期。由于物候观测标准在国内外及部门间均有所差异，因此将本地图集所涉及的物候期的观测标准进行介绍，具体如下：小麦播种期：小麦播种的日期；小麦开花期：在穗子中部小穗花朵颖壳张开，露出花药，散出花粉；小麦成熟期：80% 以上籽粒变黄，颖壳和茎秆变黄，仅上部第一、第二节仍呈微绿色；玉米播种期：玉米播种的日期；玉米开化期：雄穗主轴小穗花开花散粉的日期，此时雄穗的分化发育接近完成；玉米成熟期：80% 以上植株外层苞叶变黄，花丝干枯，籽粒硬化，呈现该品种固有的颜色，不易被指甲切开。

地图集以收集整理的农业气象数据信息库为基础，结合多源、多时段的情景数据对未来小麦、玉米的物候和产量进行分区模拟，在提高预测精度的同时实现对未来中国农业生产变化特征的可视化，保证了制图的科学性。地图集共有 69 张涉及地图底图的插图是以自然资源部标准地图服务中的“中国地图　1:3200 万　32 开　无邻国　线划一”（审图号：GS（2019）1827 号）为基础制作，未对底图进行修改，确保了制图的规范性。在地图集编制过程中，中国科学院地理科学与资源研究所资源环境数据云平台（http://www.resdc.cn/Default.aspx）和跨领域影响模式比较计划（ISI-MIIP，https://www.isimip.org/）给予了数据支持；博士生张婕帮助数据收集和处理；地图集的出版得到了国家自然科学基金项目（41671037）、中科院青年创新促进会会员项目（2016049）、地理资源所可桢杰出青年学者项目（2017RC101）、中国科学院前沿科学重点研究项目（QYZDB-SSW-DQC005）的支持；在此一并致谢。

地图集在充分汲取国内外研究成果的基础上，通过多模式、多情景的应用来降低结果的不确定性，并从不同角度揭示气候变化下主要作物物候和产量的变化特征。虽然我们在编制过程中竭尽所能，但由于作者学识有限，其中难免存在不足，望各位专家和读者批评指正。

作　者

2020 年 5 月

---

① 赵广才. 中国小麦种植区划研究（一）[J]. 麦类作物学报，2010，30（5）：886-895.

② 佟屏亚. 中国玉米种植区划 [M]. 北京：中国农业科技出版社，1992：6-24.

目　录

CONTENTS

前　言

第一部分　序图 1

第二部分　小麦生产变化 9

2.1　基准期小麦物候期分布 10

2.2　RCPs 情景下小麦物候期分布 14

2.3　RCPs 情景下小麦物候期相对于基准期变化 26

2.4　基准期小麦产量分布 38

2.5　RCPs 情景下小麦产量分布 40

2.6　RCPs 情景下小麦产量相对于基准期变化 46

第三部分　玉米生产变化 53

3.1　基准期玉米物候期分布 54

3.2　RCPs 情景下玉米物候期分布 56

3.3 RCPs情景下玉米物候期相对于基准期变化 …… 62
3.4 基准期玉米产量分布 …… 68
3.5 RCPs情景下玉米产量分布 …… 69
3.6 RCPs情景下玉米产量相对于基准期变化 …… 72

第一部分

序 图

本部分展示了中国范围内与农业生产相关的基础地理要素。共包含6幅地图，分别为中国土地利用类型空间分布、中国海拔高程空间分布、小麦种植比例空间分布、玉米种植比例空间分布、中国农田熟制空间分布以及中国九大流域片空间分布，为读者了解气候变化对中国农业生产的影响提供了相关地理背景信息。

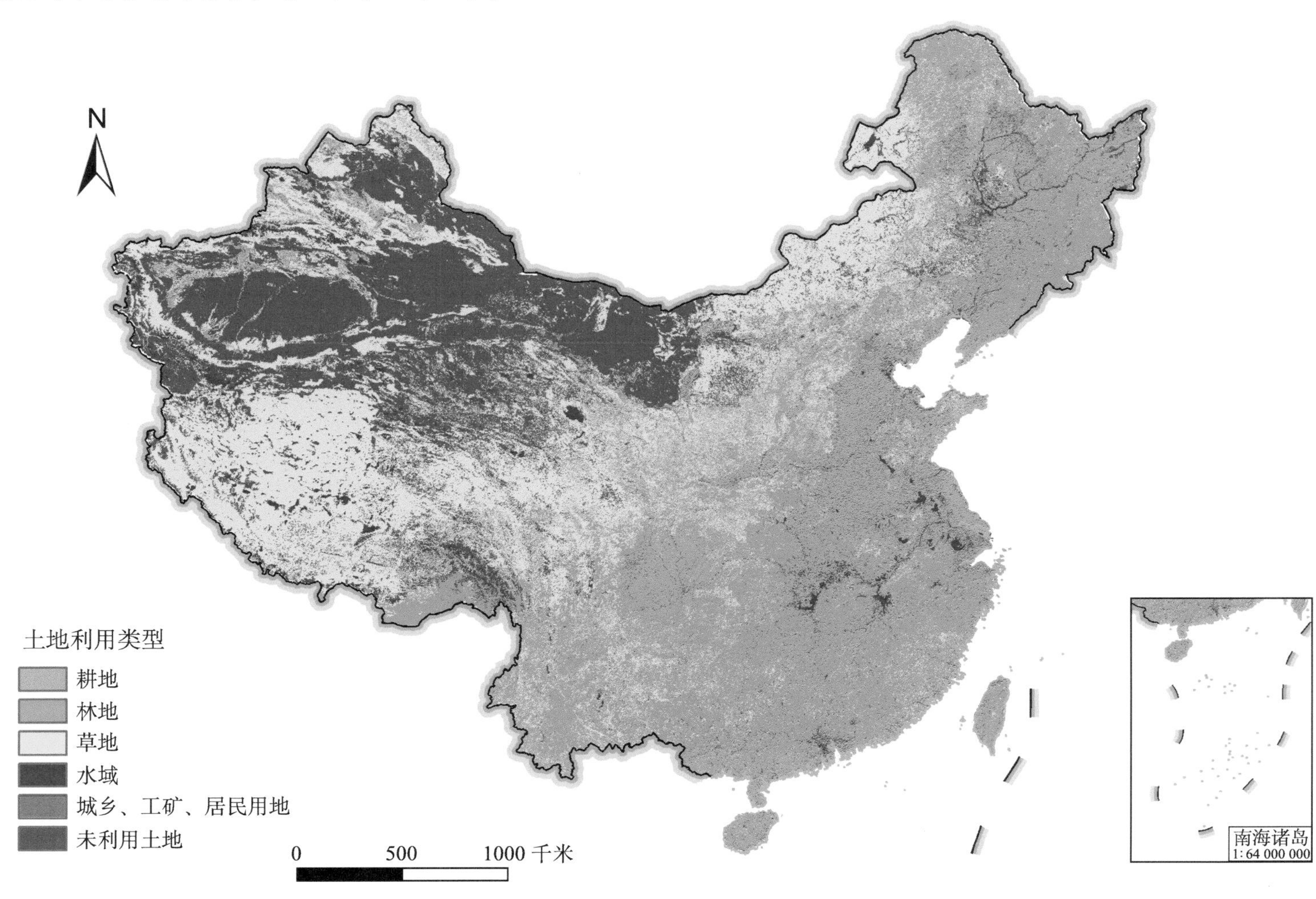
N
土地利用类型
耕地
林地
草地
水域
城乡、工矿、居民用地
未利用土地
0
500
1000 千米
南海诸岛
1:64 000 000

图 1-1　中国土地利用类型空间分布（2015 年）

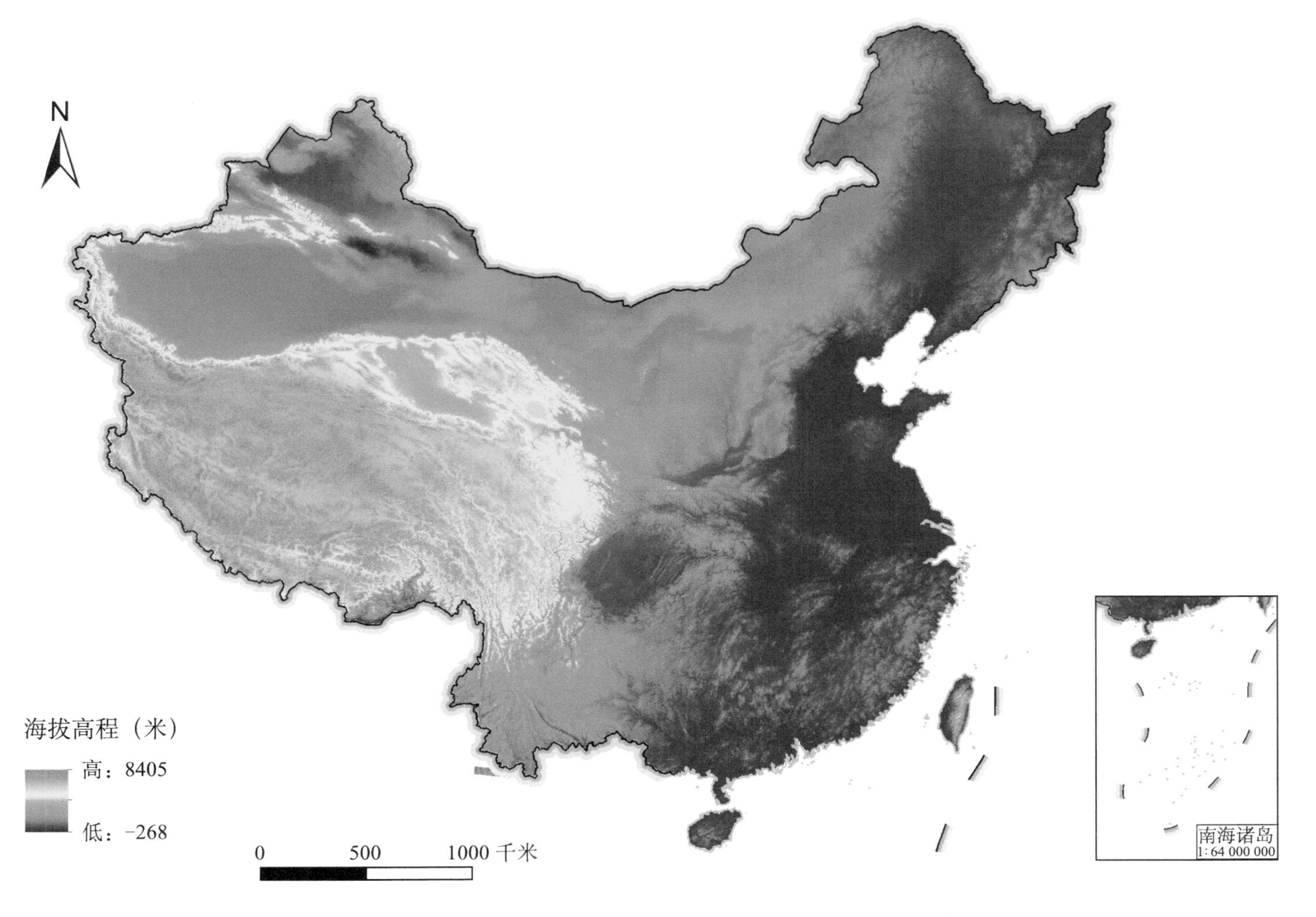
N
海拔高程（米）
高：8405
低：-268
0
500
1000 千米
南海诸岛
1:64 000 000

图 1-2　中国海拔高程空间分布

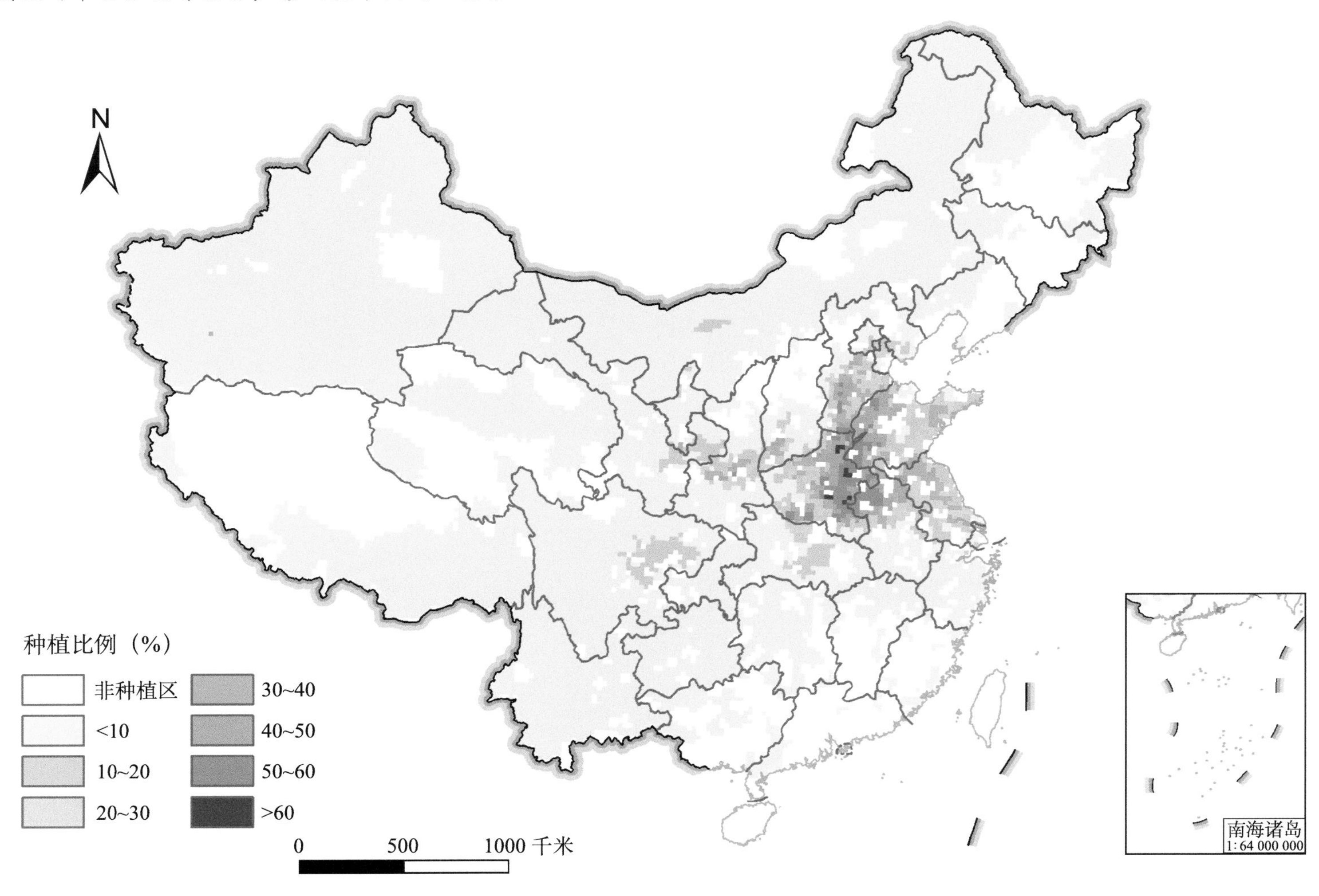
N
种植比例（%）
非种植区
<10
10~20
20~30
30~40
40~50
50~60
>60
0
500
1000 千米
南海诸岛
1: 64 000 000

图 1-3　中国小麦种植比例空间分布

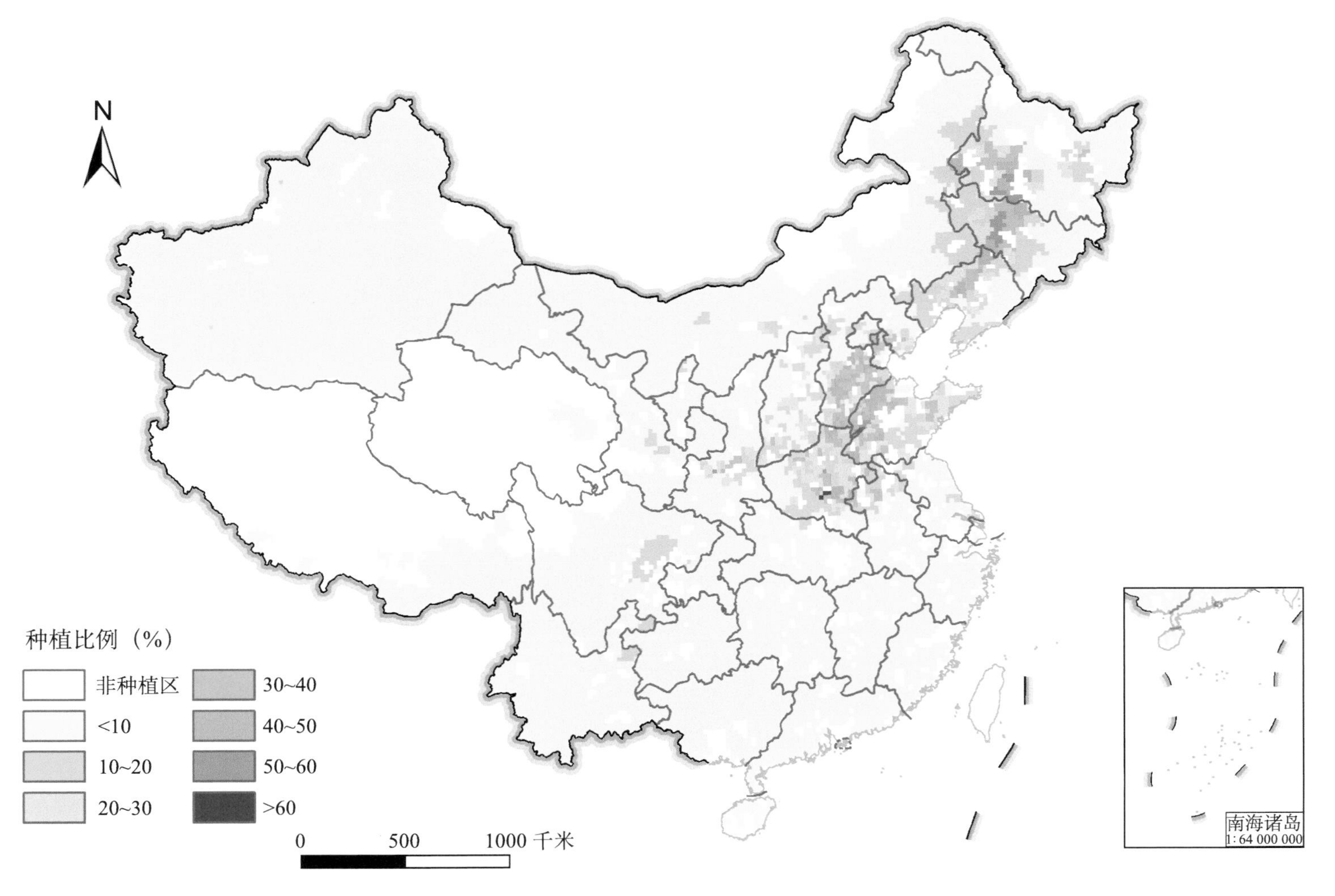
N
种植比例（%）
非种植区
<10
10~20
20~30
30~40
40~50
50~60
>60
0
500
1000 千米
南海诸岛
1 : 64 000 000

图 1–4　中国玉米种植比例空间分布

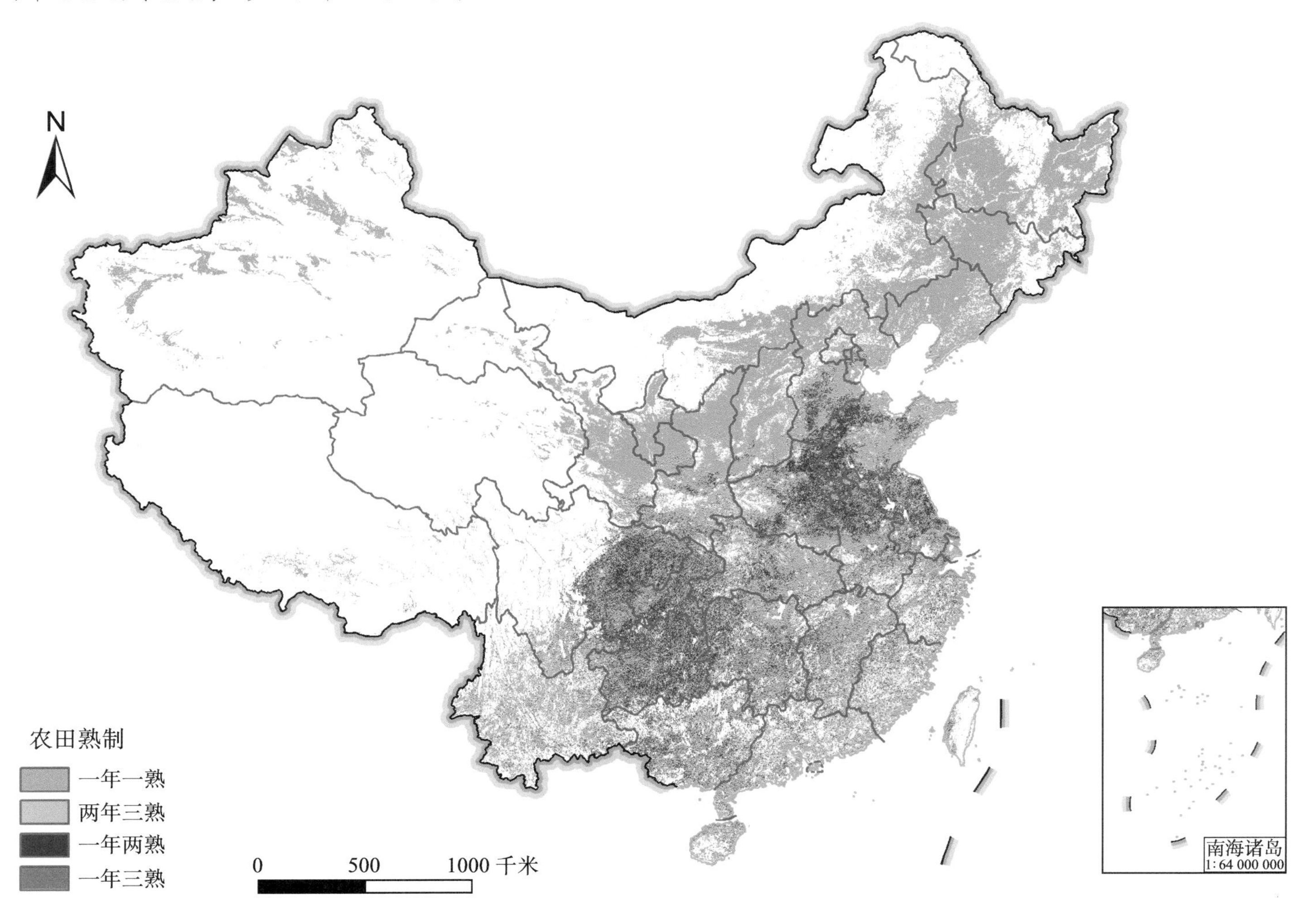
N
农田熟制
一年一熟
两年三熟
一年两熟
一年三熟
0
500
1000 千米
南海诸岛
1:64 000 000

图 1-5　中国农田熟制空间分布

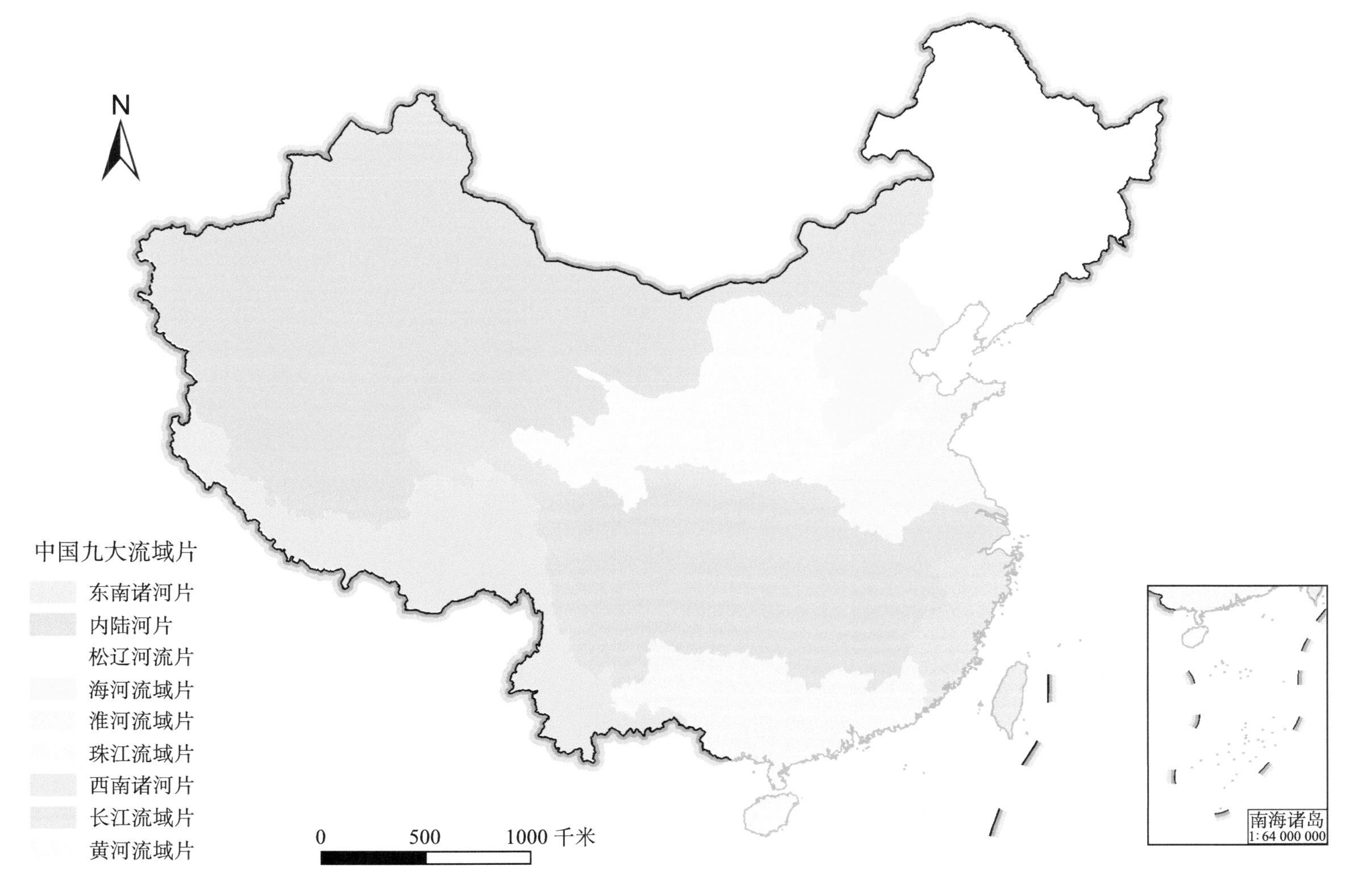
N
中国九大流域片
东南诸河片
内陆河片
松辽河流片
海河流域片
淮河流域片
珠江流域片
西南诸河片
长江流域片
黄河流域片
0
500
1000 千米
南海诸岛
1: 64 000 000

图 1-6　中国九大流域片空间分布

第二部分

小麦生产变化

本部分展示了气候变化背景下中国小麦生产的空间分布，包括基准期（1981—2010年）以及近期（2011—2040年）3种典型浓度路径（RCP2.6、RCP4.5、RCP8.5）。本部分共包含42幅地图，其中2.1节、2.2节和2.3节分别为基准期小麦（春、冬）的物候期（开花期和成熟期）分布、气候变化情景下小麦（春、冬）的物候期分布和相对于基准期物候期的变化天数。2.4节、2.5节和2.6节分别为基准期小麦（春、冬）的产量分布、气候变化情景下小麦（春、冬）的产量分布和相对于基准期产量的变化率。数据空间分辨率为0.5°×0.5°。本部分从区域尺度上展示了不同情景下的物候与产量变化差异，以反映未来气候变化对我国小麦生产的可能影响。

2.1 基准期小麦物候期分布

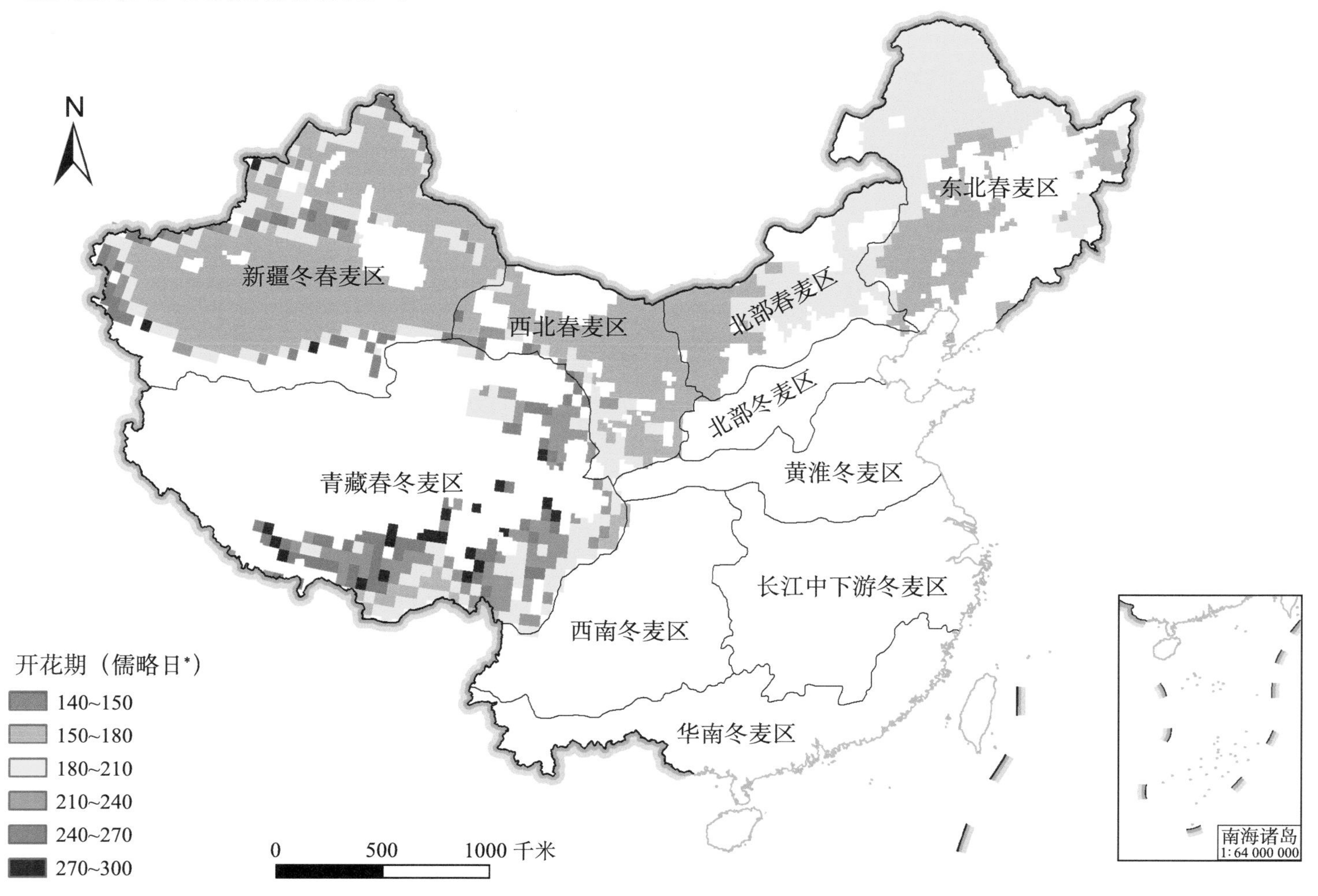

N
新疆冬春麦区
西北春麦区
北部春麦区
东北春麦区
北部冬麦区
黄淮冬麦区
青藏春冬麦区
长江中下游冬麦区
西南冬麦区
华南冬麦区
开花期（儒略日*）
140~150
150~180
180~210
210~240
240~270
270~300
0
500
1000 千米
南海诸岛
1:64 000 000

图 2-1　基准期春小麦开花期分布

* 儒略日，是指在儒略周期内以连续的日数计算时间的计时方法。

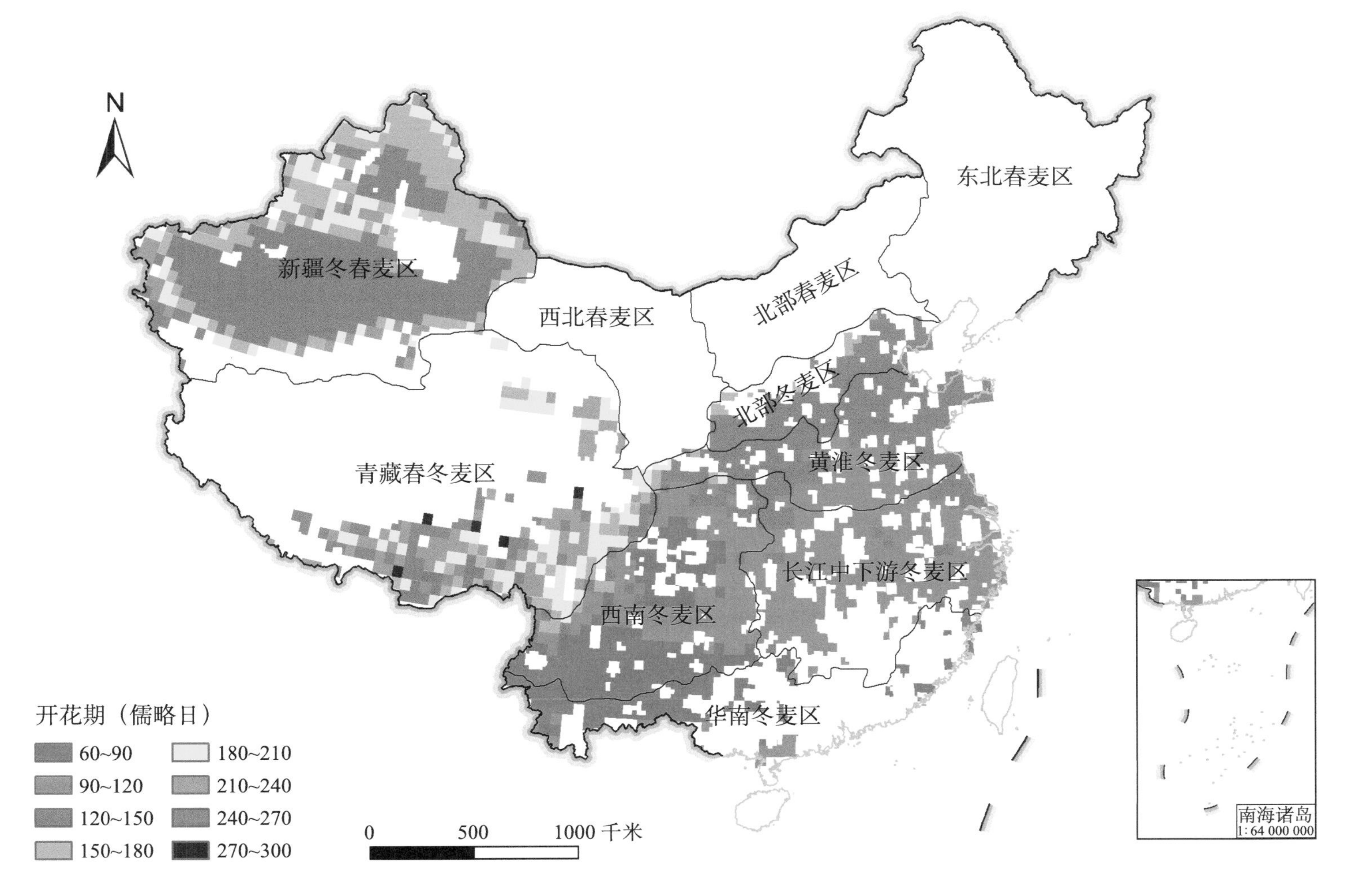
N
东北春麦区
新疆冬春麦区
西北春麦区
北部春麦区
北部冬麦区
黄淮冬麦区
青藏春冬麦区
长江中下游冬麦区
西南冬麦区
华南冬麦区
开花期（儒略日）
60~90
90~120
120~150
150~180
180~210
210~240
240~270
270~300
0
500
1000 千米
南海诸岛
1: 64 000 000

图 2-2　基准期冬小麦开花期分布

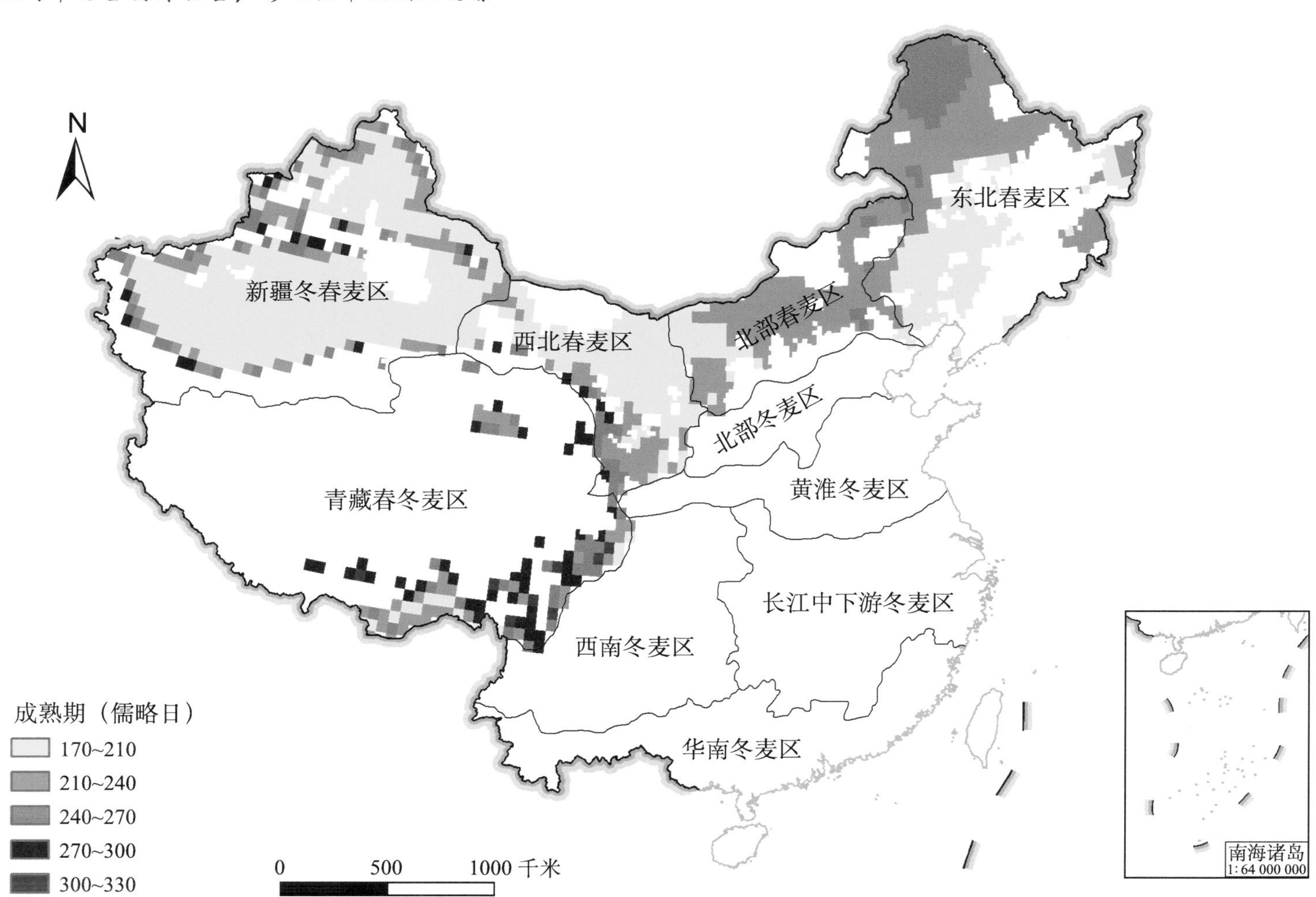
N
新疆冬春麦区
西北春麦区
北部春麦区
东北春麦区
北部冬麦区
青藏春冬麦区
黄淮冬麦区
长江中下游冬麦区
西南冬麦区
华南冬麦区
成熟期（儒略日）
170~210
210~240
240~270
270~300
300~330
0
500
1000 千米
南海诸岛
1: 64 000 000

图 2–3　基准期春小麦成熟期分布

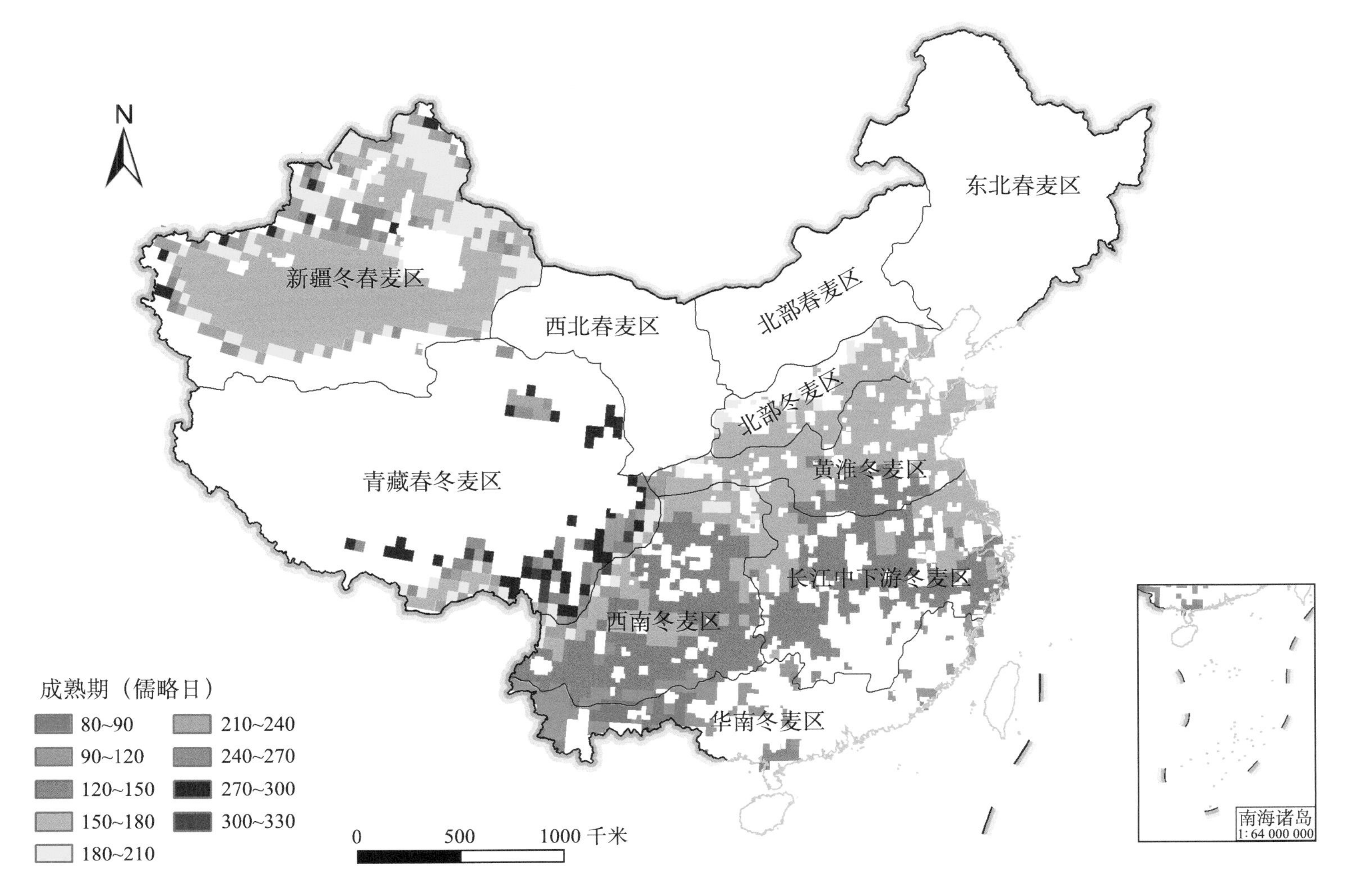
N
东北春麦区
新疆冬春麦区
北部春麦区
西北春麦区
北部冬麦区
黄淮冬麦区
青藏春冬麦区
长江中下游冬麦区
西南冬麦区
华南冬麦区
成熟期（儒略日）
80~90
90~120
120~150
150~180
180~210
210~240
240~270
270~300
300~330
0
500
1000 千米
南海诸岛
1: 64 000 000

图 2-4　基准期冬小麦成熟期分布

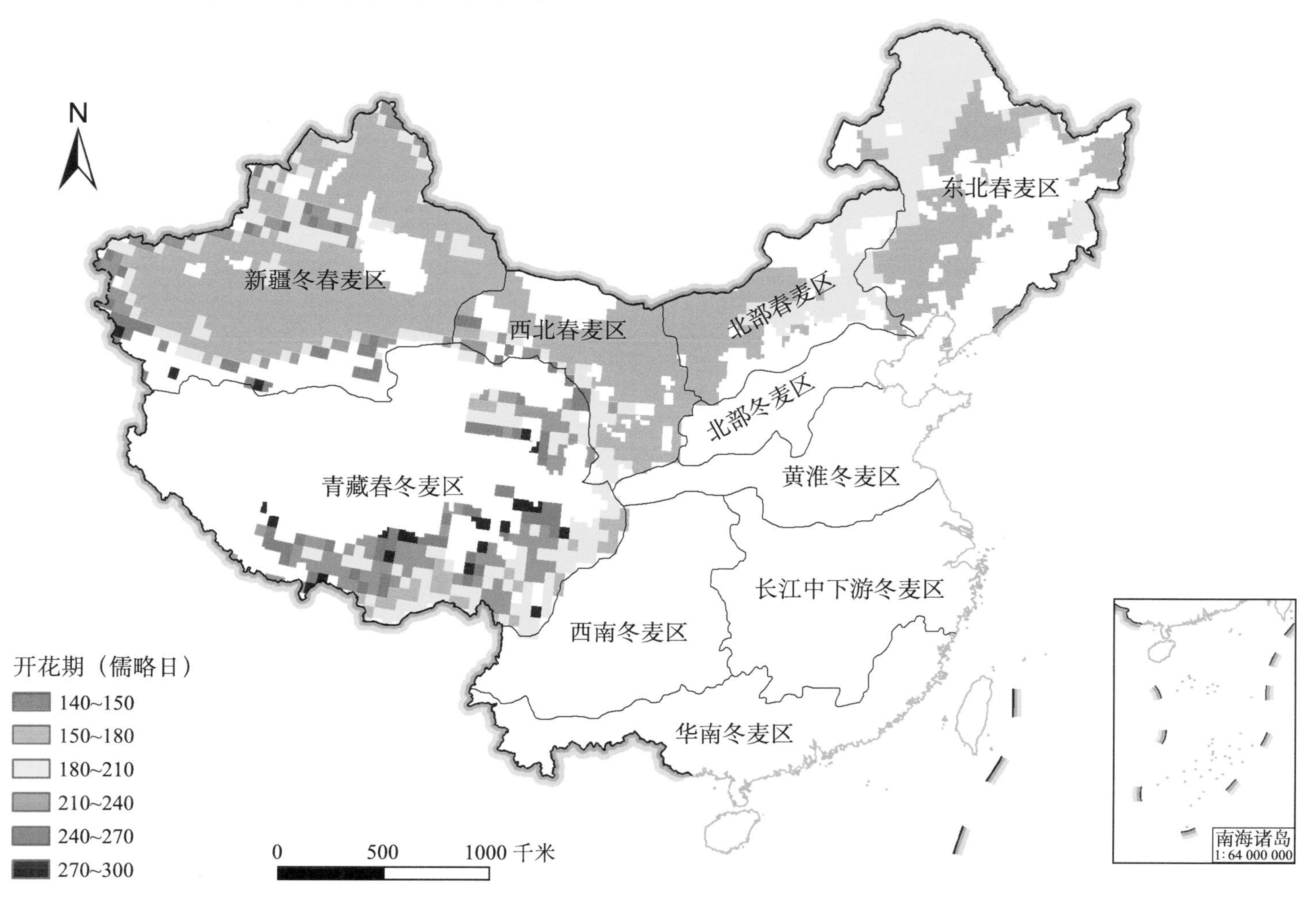
N
东北春麦区
新疆冬春麦区
北部春麦区
西北春麦区
北部冬麦区
黄淮冬麦区
青藏春冬麦区
长江中下游冬麦区
西南冬麦区
华南冬麦区
开花期（儒略日）
140~150
150~180
180~210
210~240
240~270
270~300
0
500
1000 千米
南海诸岛
1: 64 000 000

图 2-5　RCP2.6 情景下近期春小麦开花期分布

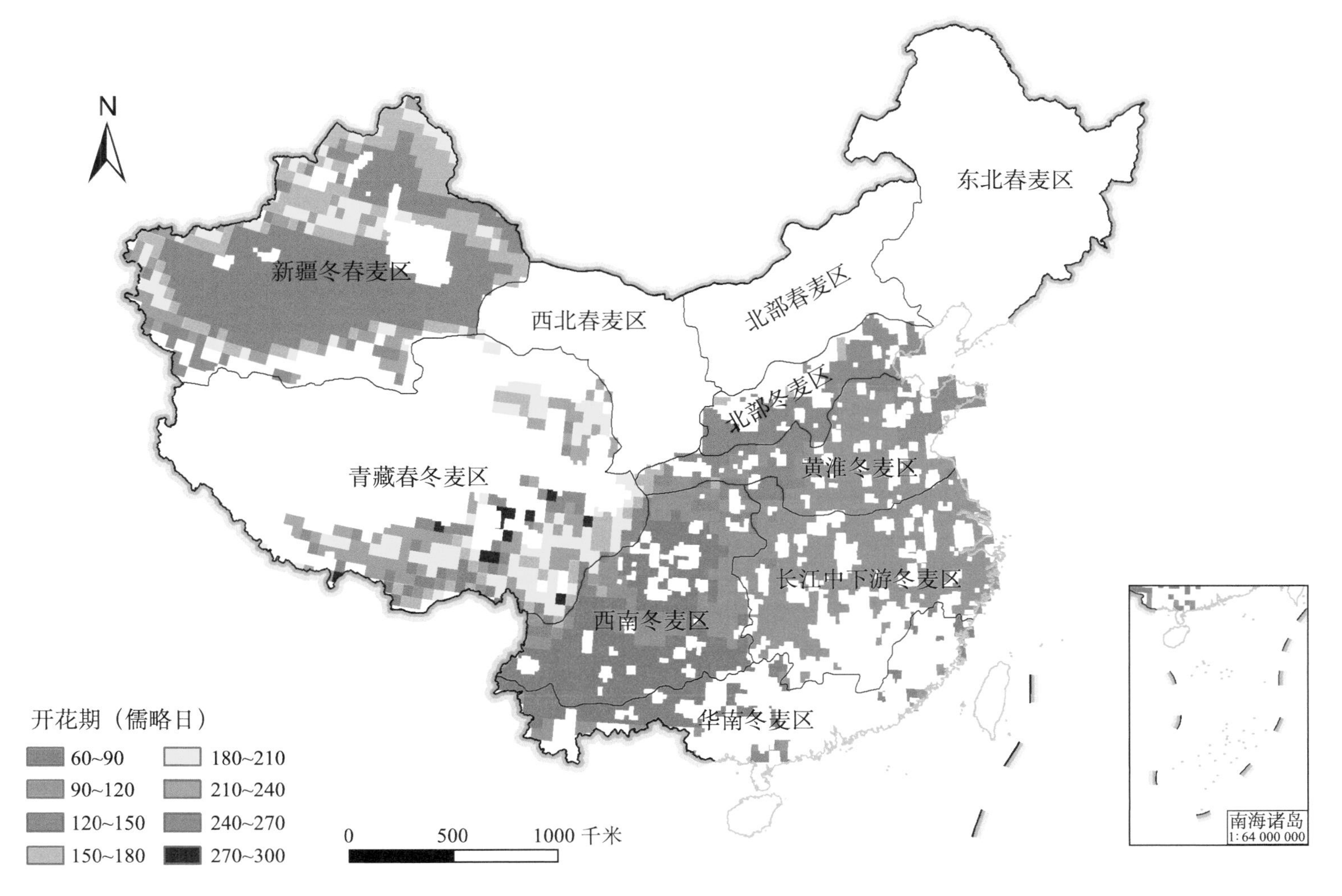
N
东北春麦区
新疆冬春麦区
西北春麦区
北部春麦区
北部冬麦区
青藏春冬麦区
黄淮冬麦区
长江中下游冬麦区
西南冬麦区
华南冬麦区
开花期（儒略日）
60~90
90~120
120~150
150~180
180~210
210~240
240~270
270~300
0
500
1000 千米
南海诸岛
1: 64 000 000

图 2-6　RCP2.6 情景下近期冬小麦开花期分布

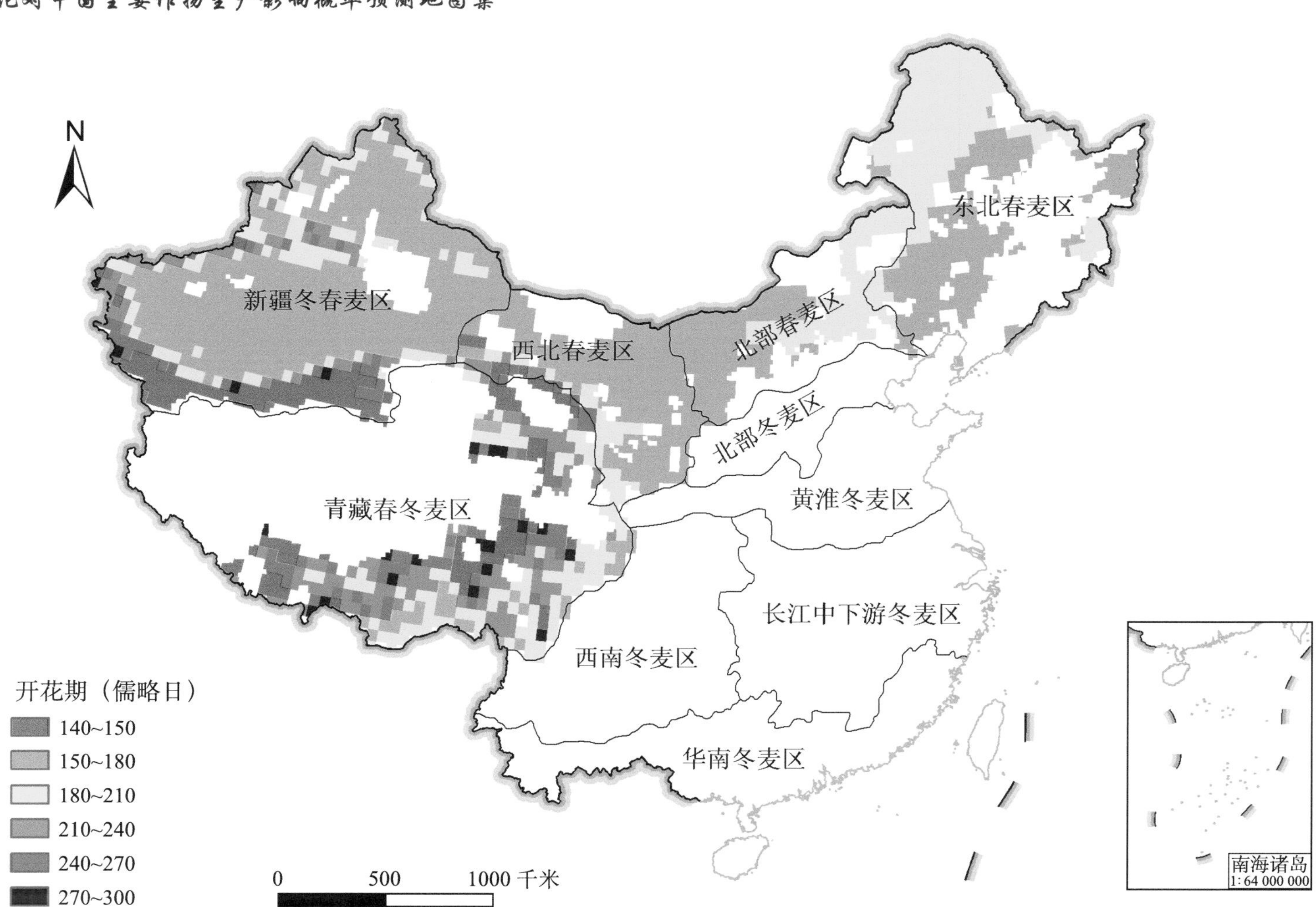
N
新疆冬春麦区
西北春麦区
北部春麦区
东北春麦区
北部冬麦区
青藏春冬麦区
黄淮冬麦区
长江中下游冬麦区
西南冬麦区
华南冬麦区
开花期（儒略日）
140~150
150~180
180~210
210~240
240~270
270~300
0
500
1000 千米
南海诸岛
1: 64 000 000

图 2-7　RCP4.5 情景下近期春小麦开花期分布

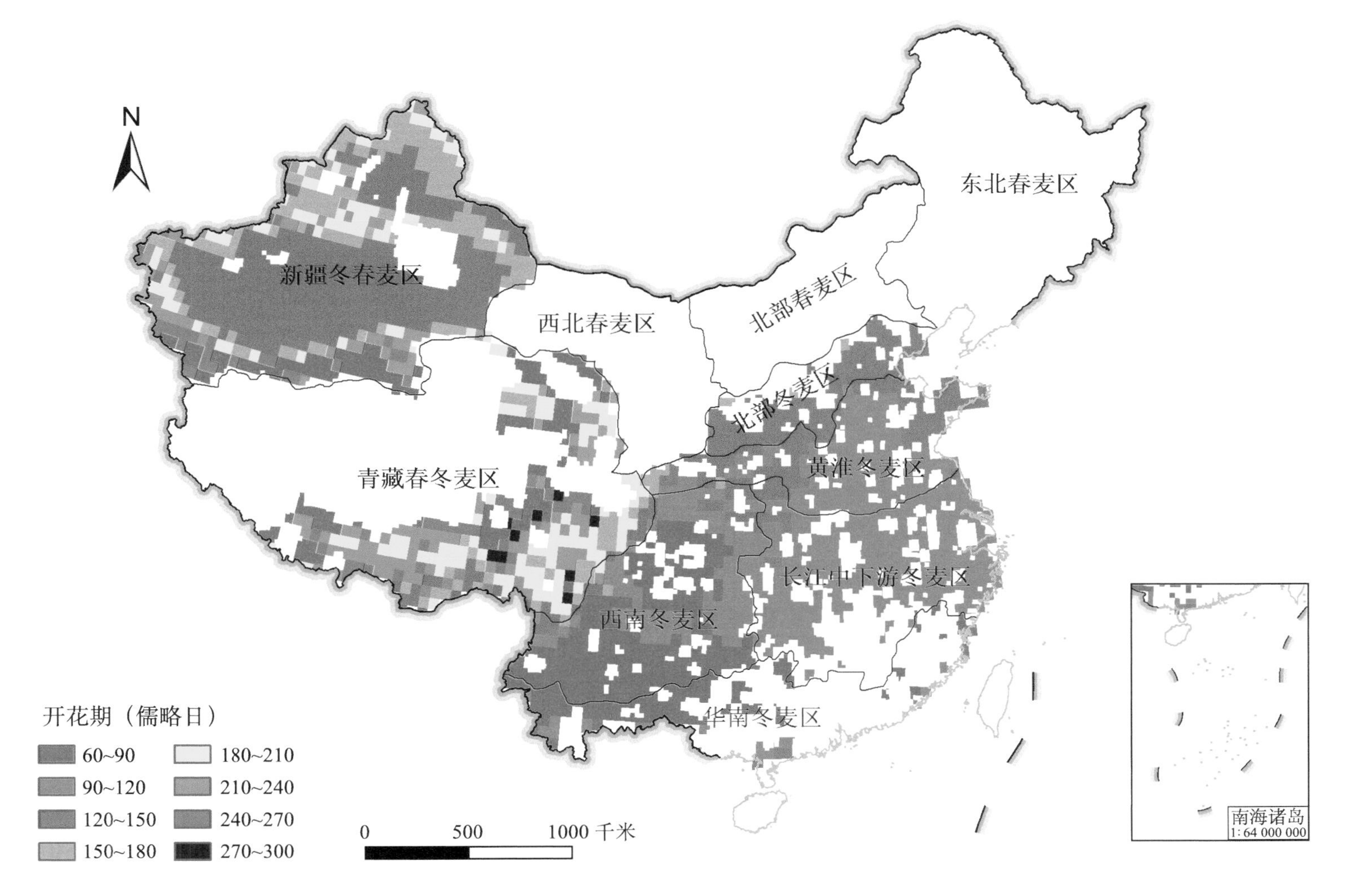
N
东北春麦区
新疆冬春麦区
西北春麦区
北部春麦区
北部冬麦区
黄淮冬麦区
青藏春冬麦区
长江中下游冬麦区
西南冬麦区
华南冬麦区
开花期（儒略日）
60~90
90~120
120~150
150~180
180~210
210~240
240~270
270~300
0
500
1000 千米
南海诸岛
1: 64 000 000

图 2-8　RCP4.5 情景下近期冬小麦开花期分布

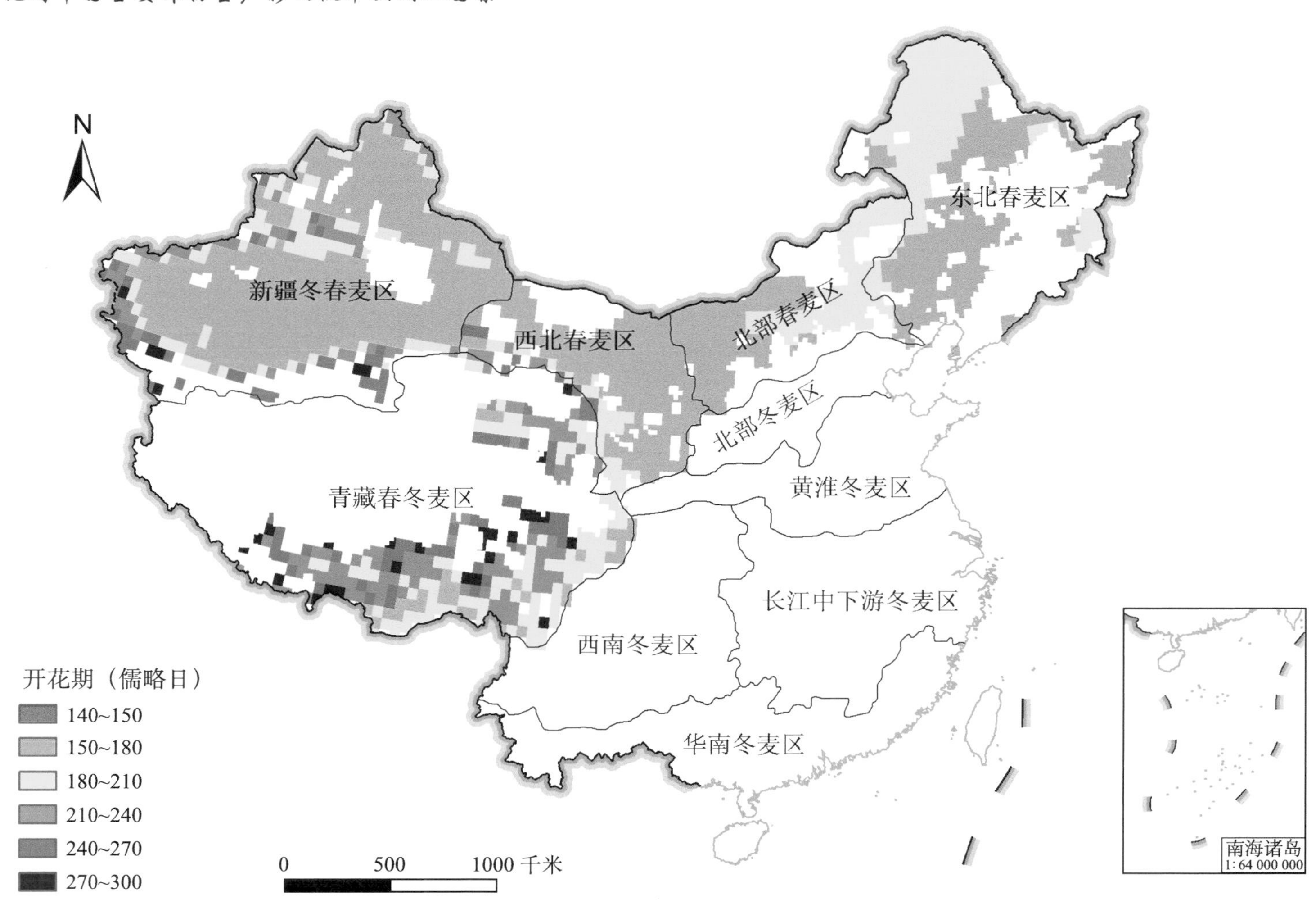
N
新疆冬春麦区
西北春麦区
北部春麦区
东北春麦区
北部冬麦区
青藏春冬麦区
黄淮冬麦区
长江中下游冬麦区
西南冬麦区
华南冬麦区
开花期（儒略日）
140~150
150~180
180~210
210~240
240~270
270~300
0
500
1000 千米
南海诸岛
1: 64 000 000

图 2-9 RCP8.5 情景下近期春小麦开花期分布

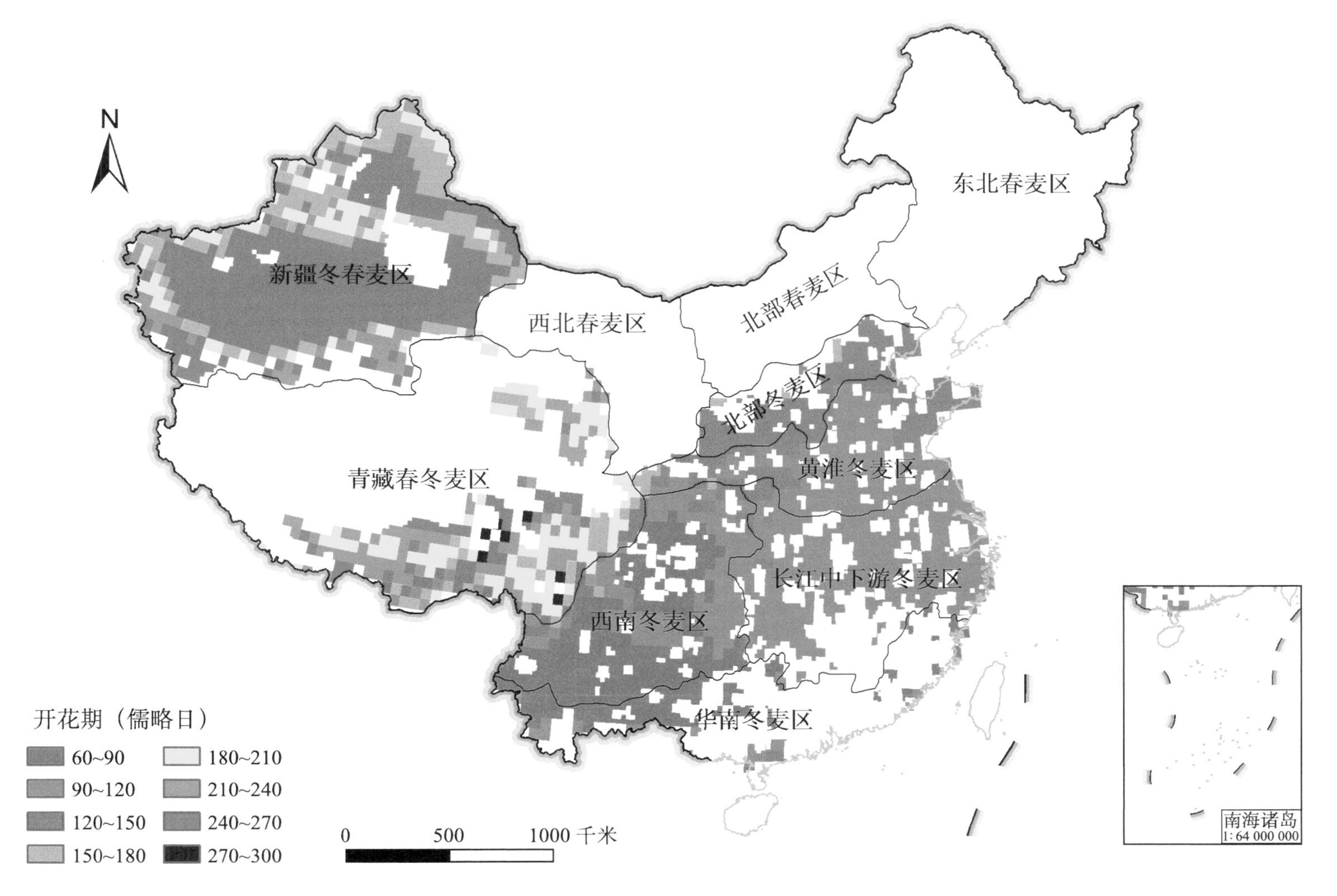
N
东北春麦区
新疆冬春麦区
西北春麦区
北部春麦区
北部冬麦区
黄淮冬麦区
青藏春冬麦区
长江中下游冬麦区
西南冬麦区
华南冬麦区
开花期（儒略日）
60~90
90~120
120~150
150~180
180~210
210~240
240~270
270~300
0 500 1000 千米
南海诸岛
1: 64 000 000

图 2-10 RCP8.5 情景下近期冬小麦开花期分布

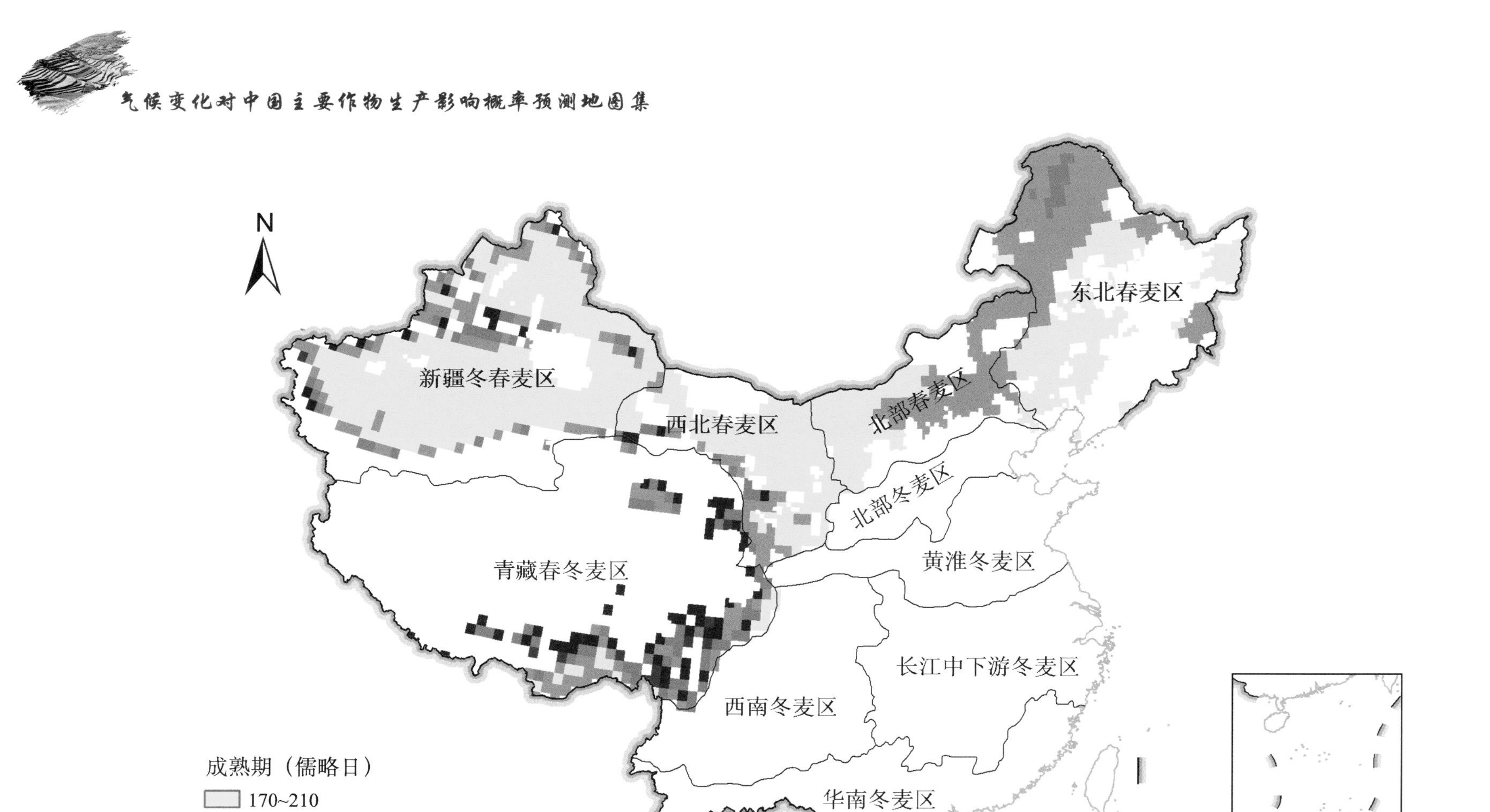
N
新疆冬春麦区
西北春麦区
北部春麦区
东北春麦区
北部冬麦区
黄淮冬麦区
青藏春冬麦区
长江中下游冬麦区
西南冬麦区
华南冬麦区
成熟期（儒略日）
170~210
210~240
240~270
270~300
300~330

0
500
1000 千米

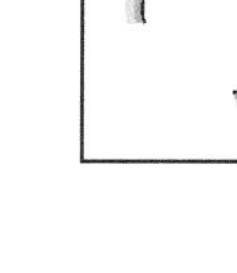
南海诸岛
1:64 000 000

图 2-11　RCP2.6 情景下近期春小麦成熟期分布

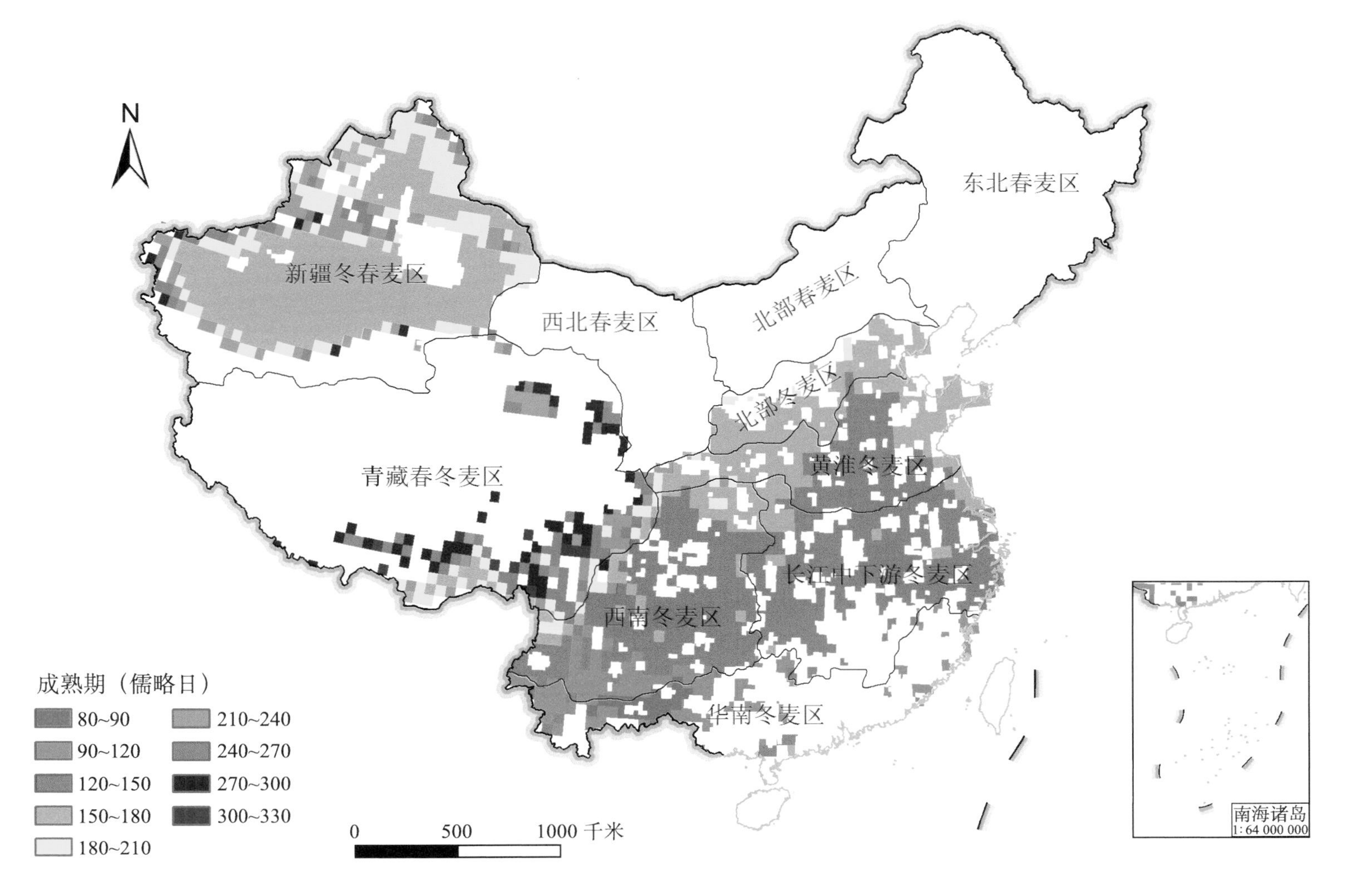
N
东北春麦区
新疆冬春麦区
西北春麦区
北部春麦区
北部冬麦区
青藏春冬麦区
黄淮冬麦区
长江中下游冬麦区
西南冬麦区
华南冬麦区
成熟期（儒略日）
80~90
90~120
120~150
150~180
180~210
210~240
240~270
270~300
300~330
0
500
1000 千米
南海诸岛
1: 64 000 000

图 2-12　RCP2.6 情景下近期冬小麦成熟期分布

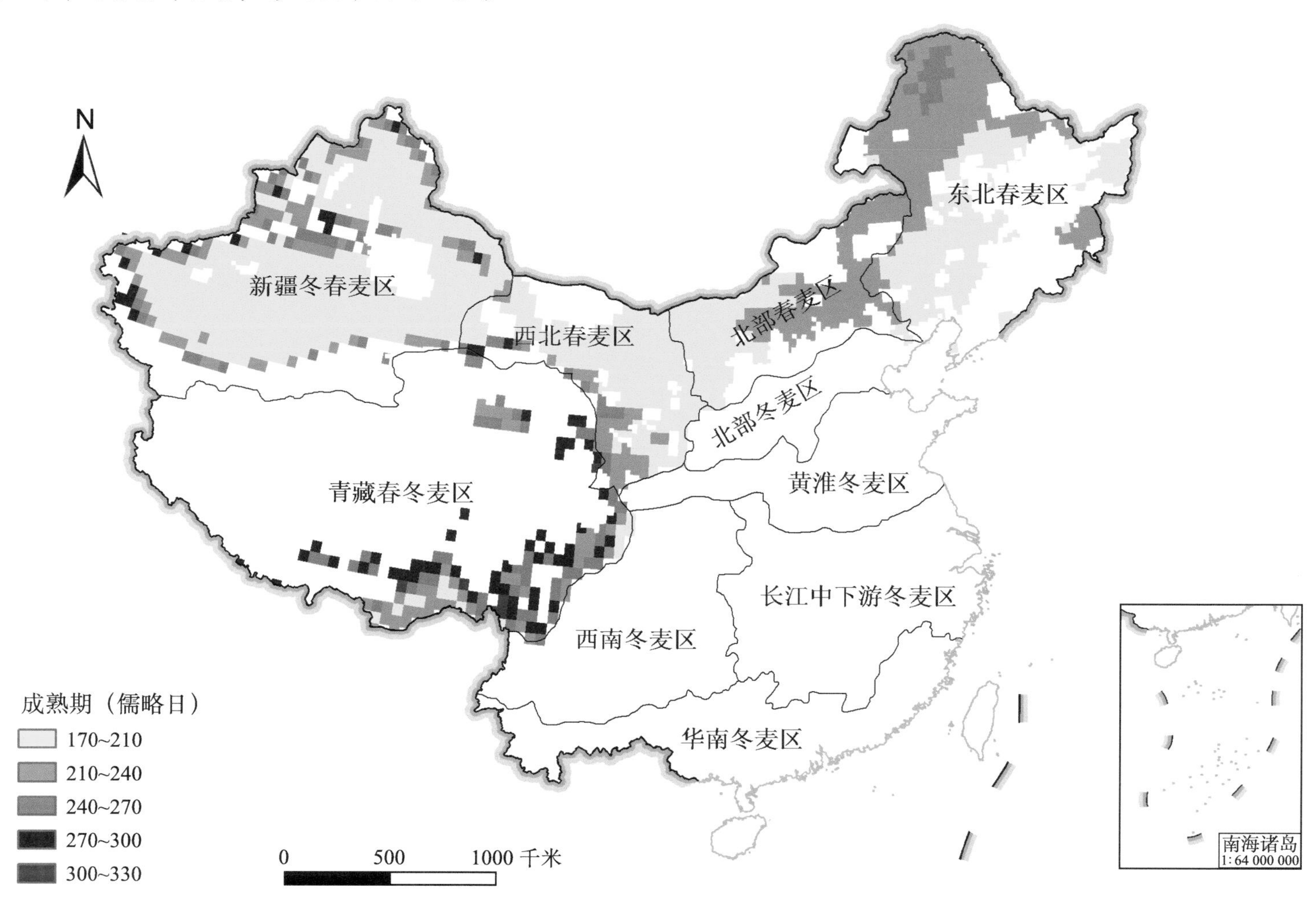
N
新疆冬春麦区
西北春麦区
北部春麦区
东北春麦区
北部冬麦区
黄淮冬麦区
青藏春冬麦区
长江中下游冬麦区
西南冬麦区
华南冬麦区
成熟期（儒略日）
170~210
210~240
240~270
270~300
300~330
0
500
1000 千米
南海诸岛
1:64 000 000

图 2-13　RCP4.5 情景下近期春小麦成熟期分布

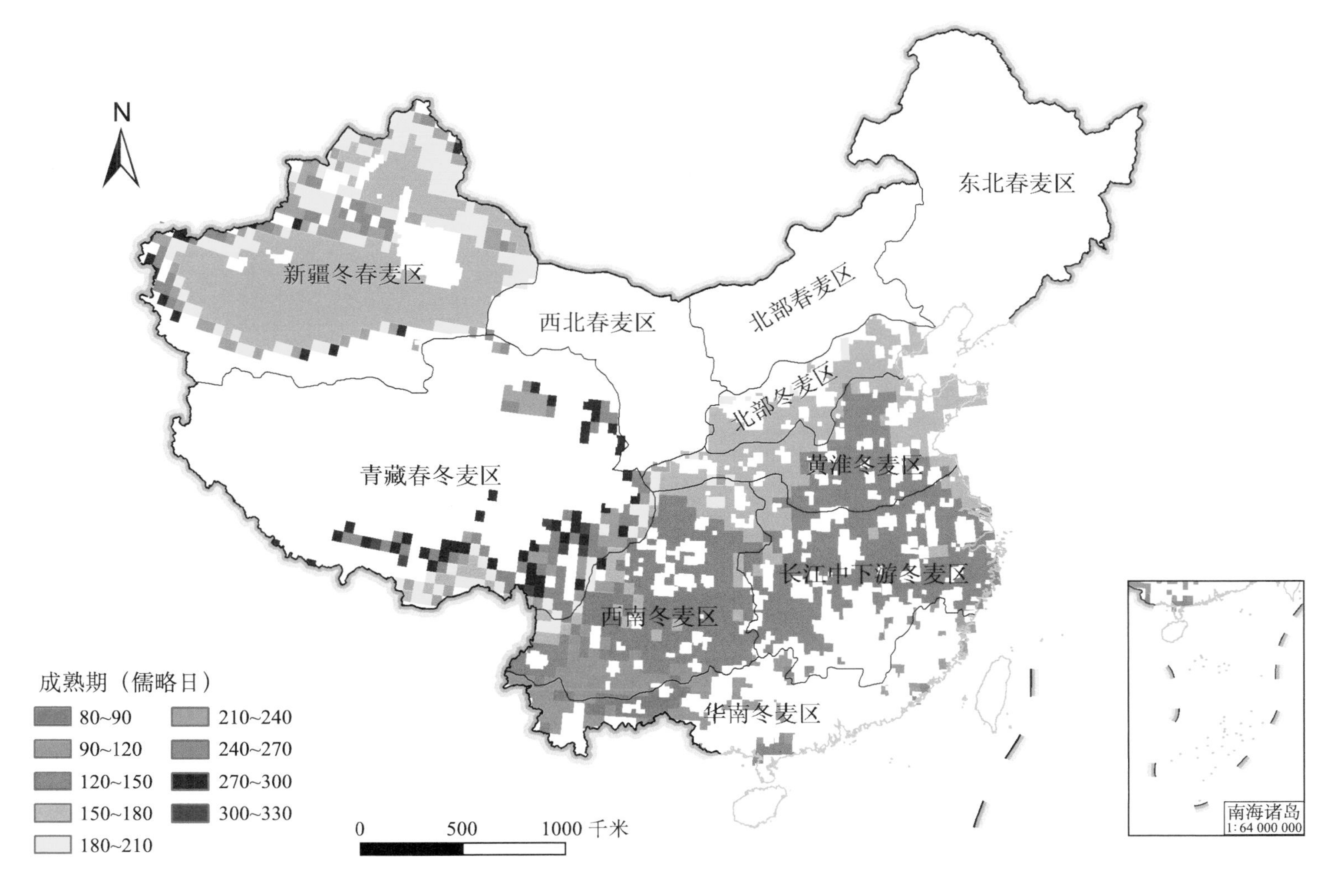
N
东北春麦区
新疆冬春麦区
西北春麦区
北部春麦区
北部冬麦区
黄淮冬麦区
青藏春冬麦区
长江中下游冬麦区
西南冬麦区
华南冬麦区
成熟期（儒略日）
80~90
90~120
120~150
150~180
180~210
210~240
240~270
270~300
300~330
0
500
1000 千米
南海诸岛
1: 64 000 000

图 2-14　RCP4.5 情景下近期冬小麦成熟期分布

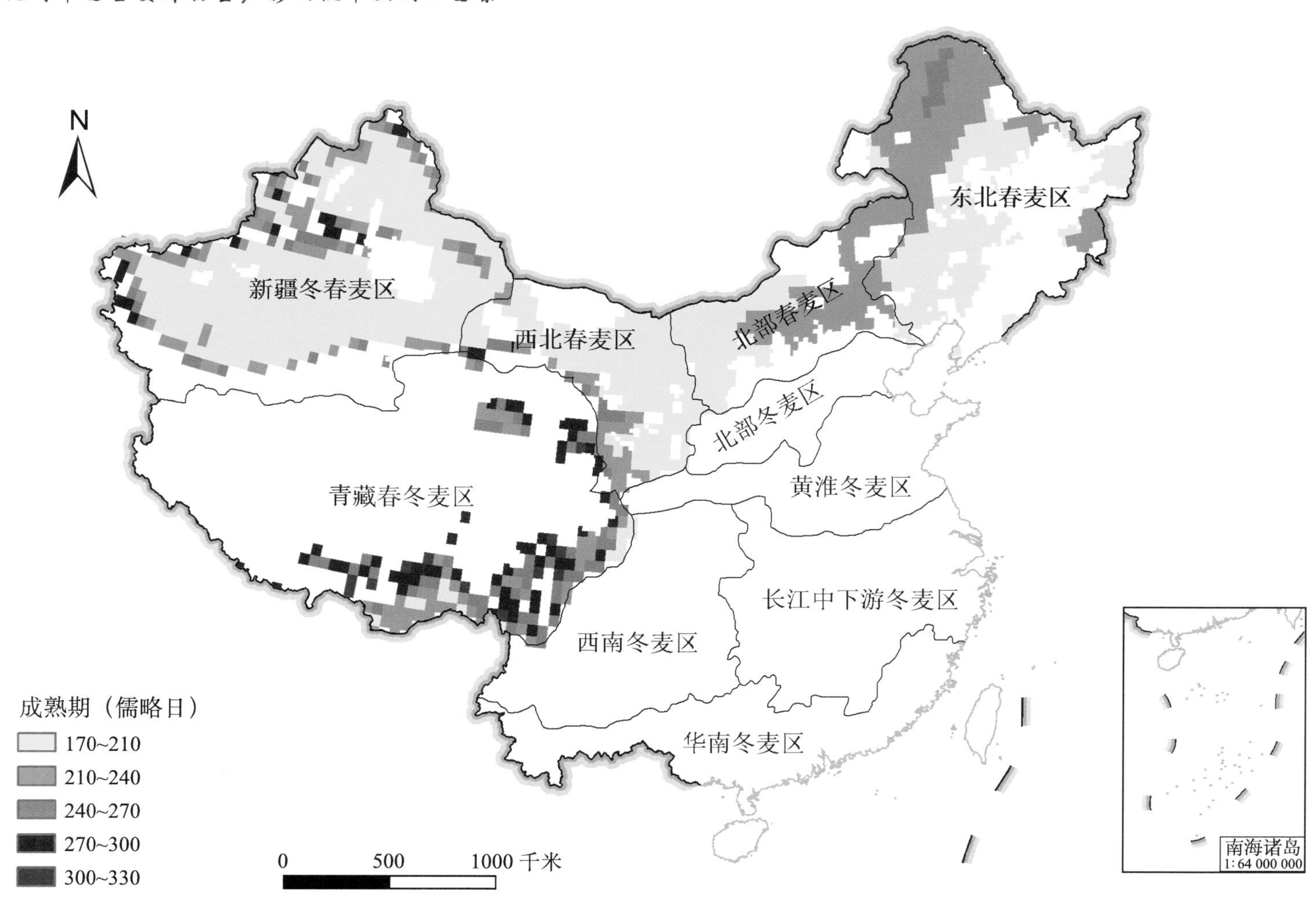
N
新疆冬春麦区
西北春麦区
北部春麦区
东北春麦区
北部冬麦区
青藏春冬麦区
黄淮冬麦区
长江中下游冬麦区
西南冬麦区
华南冬麦区
成熟期（儒略日）
170~210
210~240
240~270
270~300
300~330
0
500
1000 千米
南海诸岛
1:64 000 000

图 2-15　RCP8.5 情景下近期春小麦成熟期分布

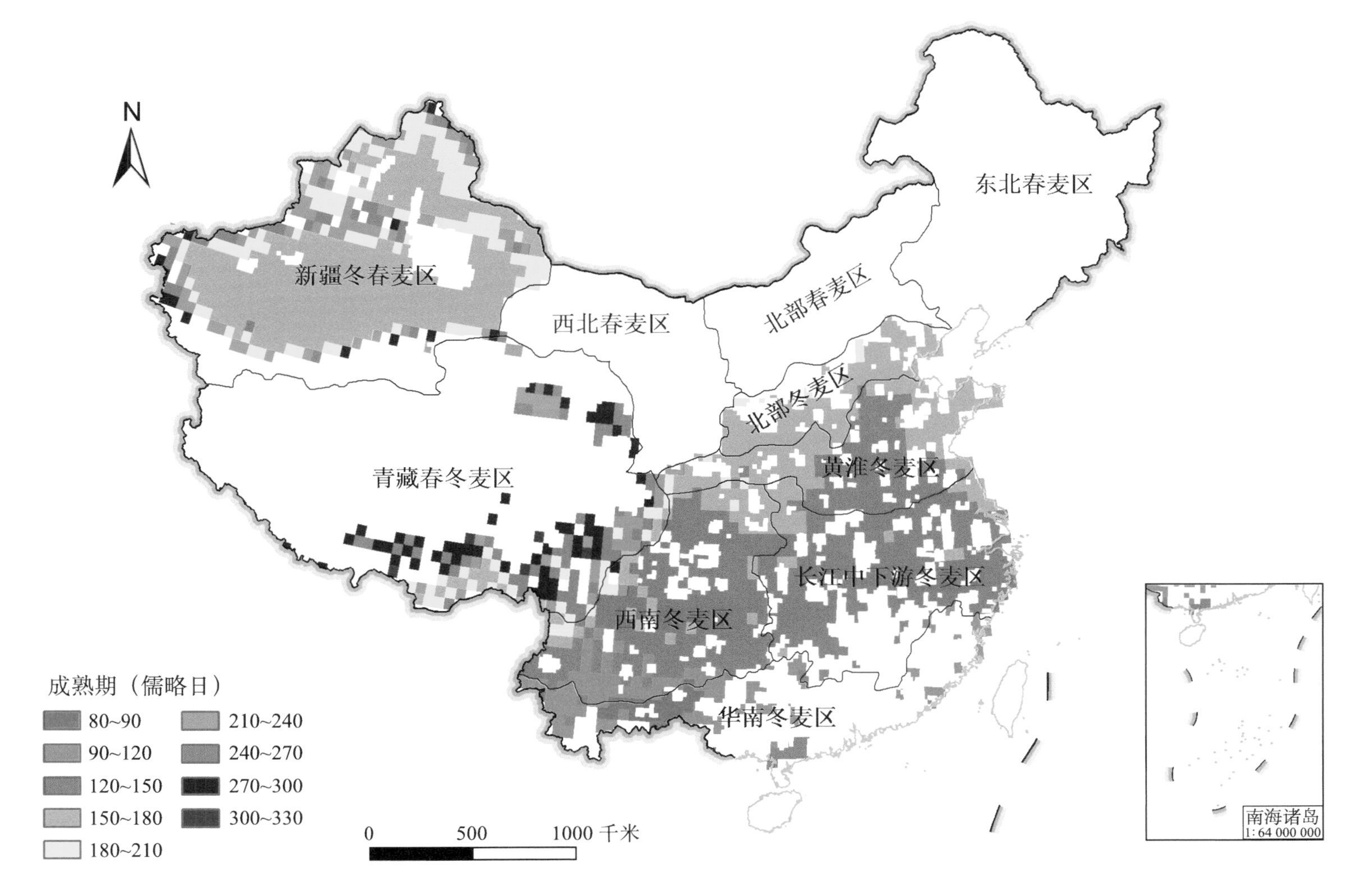
N
东北春麦区
新疆冬春麦区
西北春麦区
北部春麦区
北部冬麦区
青藏春冬麦区
黄淮冬麦区
长江中下游冬麦区
西南冬麦区
华南冬麦区
成熟期（儒略日）
80~90
90~120
120~150
150~180
180~210
210~240
240~270
270~300
300~330
0
500
1000 千米
南海诸岛
1: 64 000 000

图 2-16　RCP8.5 情景下近期冬小麦成熟期分布

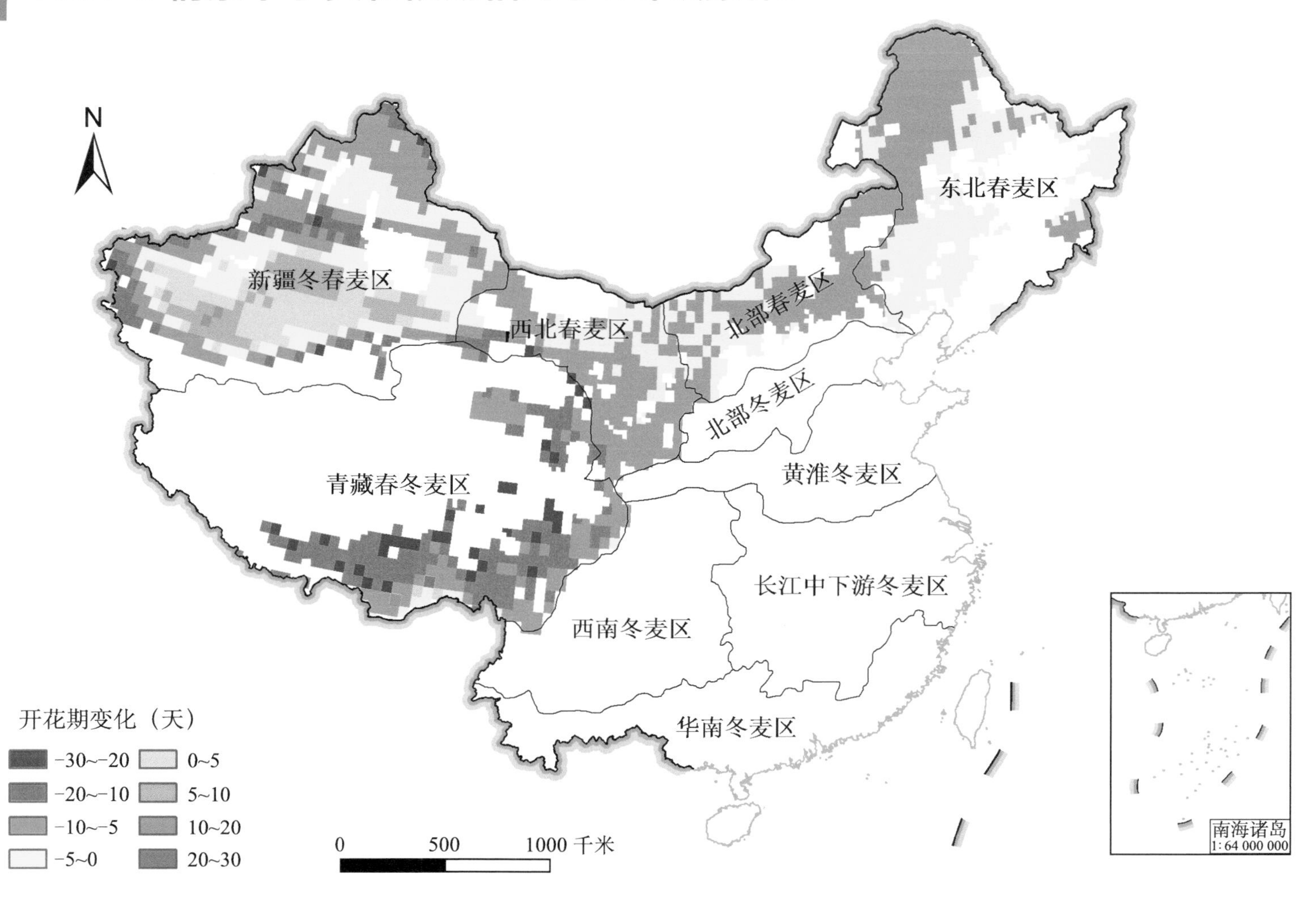
N
新疆冬春麦区
西北春麦区
北部春麦区
东北春麦区
北部冬麦区
青藏春冬麦区
黄淮冬麦区
长江中下游冬麦区
西南冬麦区
华南冬麦区
开花期变化（天）
-30~-20
-20~-10
-10~-5
-5~0
0~5
5~10
10~20
20~30
0 500 1000 千米
南海诸岛
1: 64 000 000

图 2-17　RCP2.6 情景下近期春小麦开花期变化

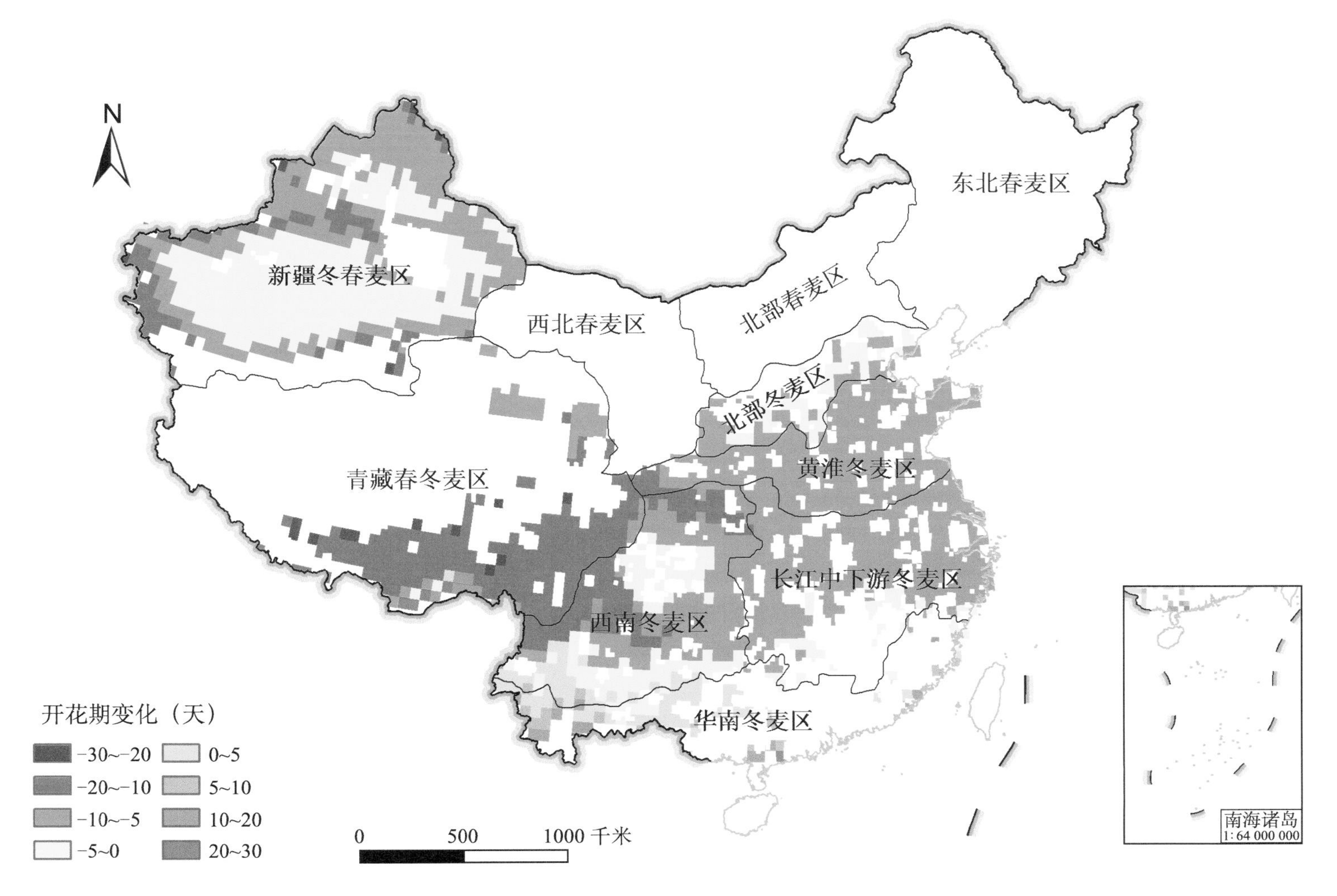
N
东北春麦区
新疆冬春麦区
北部春麦区
西北春麦区
北部冬麦区
黄淮冬麦区
青藏春冬麦区
长江中下游冬麦区
西南冬麦区
华南冬麦区
开花期变化（天）
-30~-20
-20~-10
-10~-5
-5~0
0~5
5~10
10~20
20~30
0
500
1000 千米
南海诸岛
1: 64 000 000

图 2-18　RCP2.6 情景下近期冬小麦开花期变化

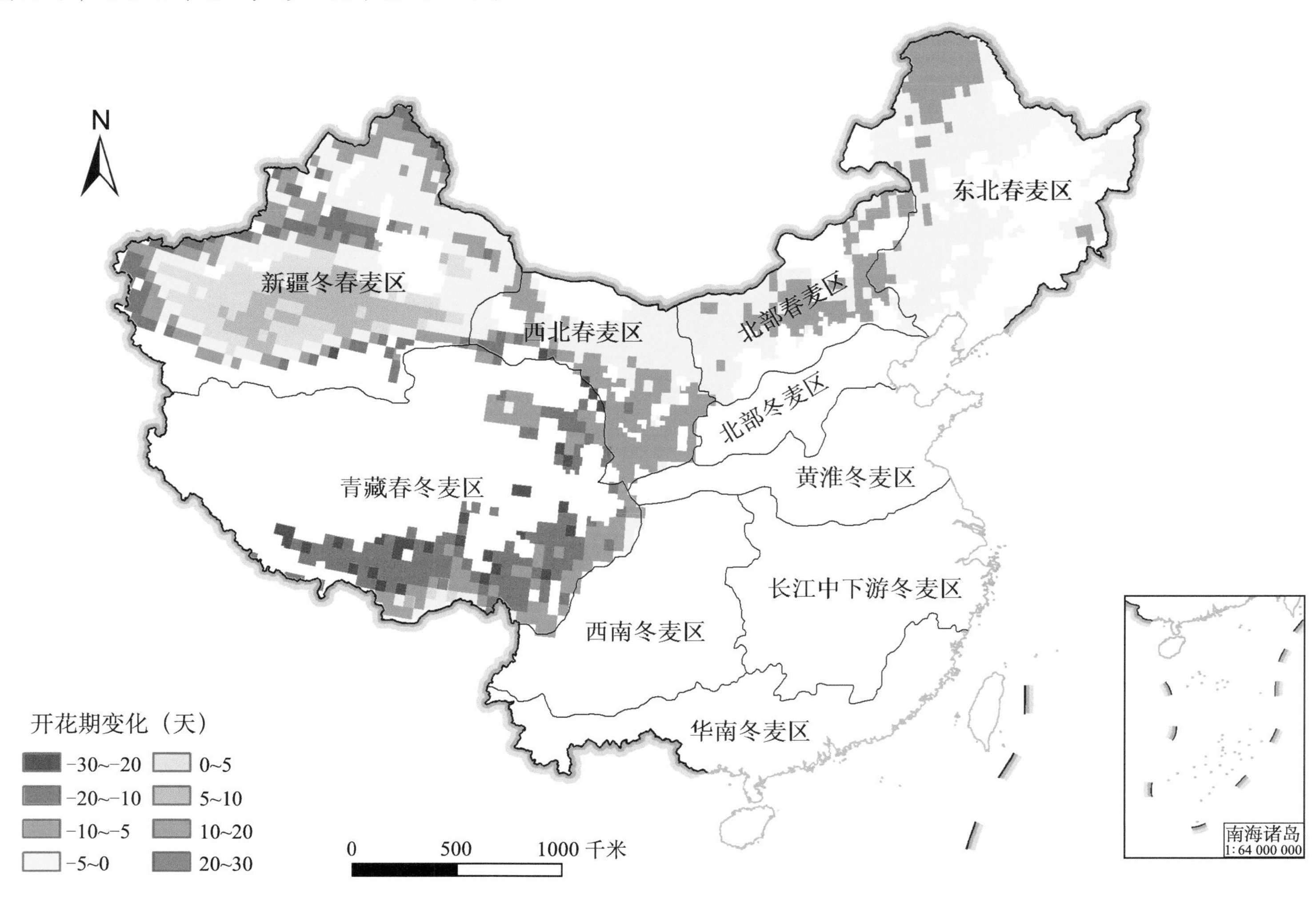
N
新疆冬春麦区
西北春麦区
北部春麦区
东北春麦区
北部冬麦区
青藏春冬麦区
黄淮冬麦区
长江中下游冬麦区
西南冬麦区
华南冬麦区
南海诸岛
1: 64 000 000
开花期变化（天）
-30~-20
-20~-10
-10~-5
-5~0
0~5
5~10
10~20
20~30
0
500
1000 千米

图 2-19　RCP4.5 情景下近期春小麦开花期变化

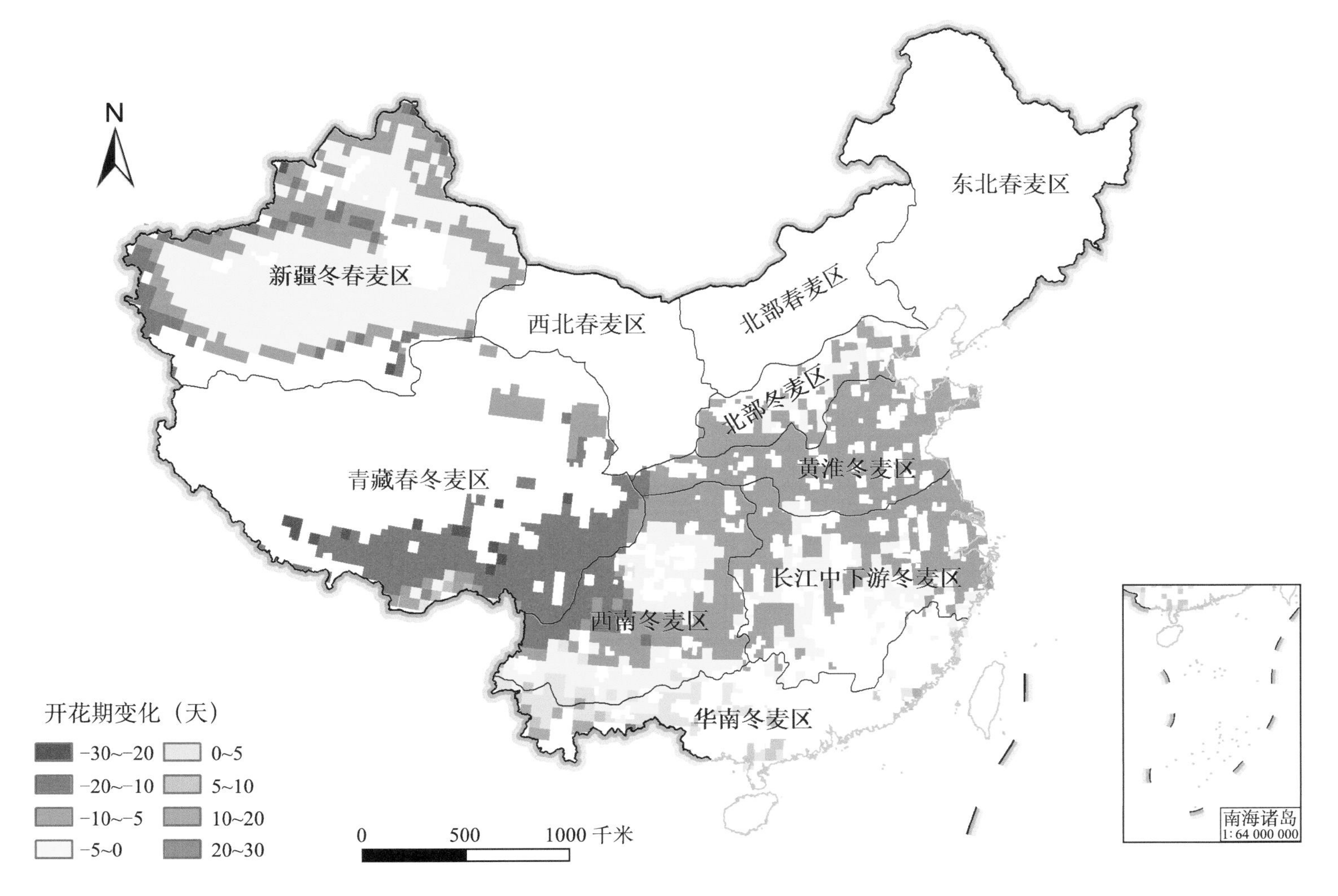
N
东北春麦区
新疆冬春麦区
西北春麦区
北部春麦区
北部冬麦区
黄淮冬麦区
青藏春冬麦区
长江中下游冬麦区
西南冬麦区
华南冬麦区
开花期变化（天）
−30~−20
−20~−10
−10~−5
−5~0
0~5
5~10
10~20
20~30
0
500
1000 千米
南海诸岛
1: 64 000 000

图 2−20　RCP4.5 情景下近期冬小麦开花期变化

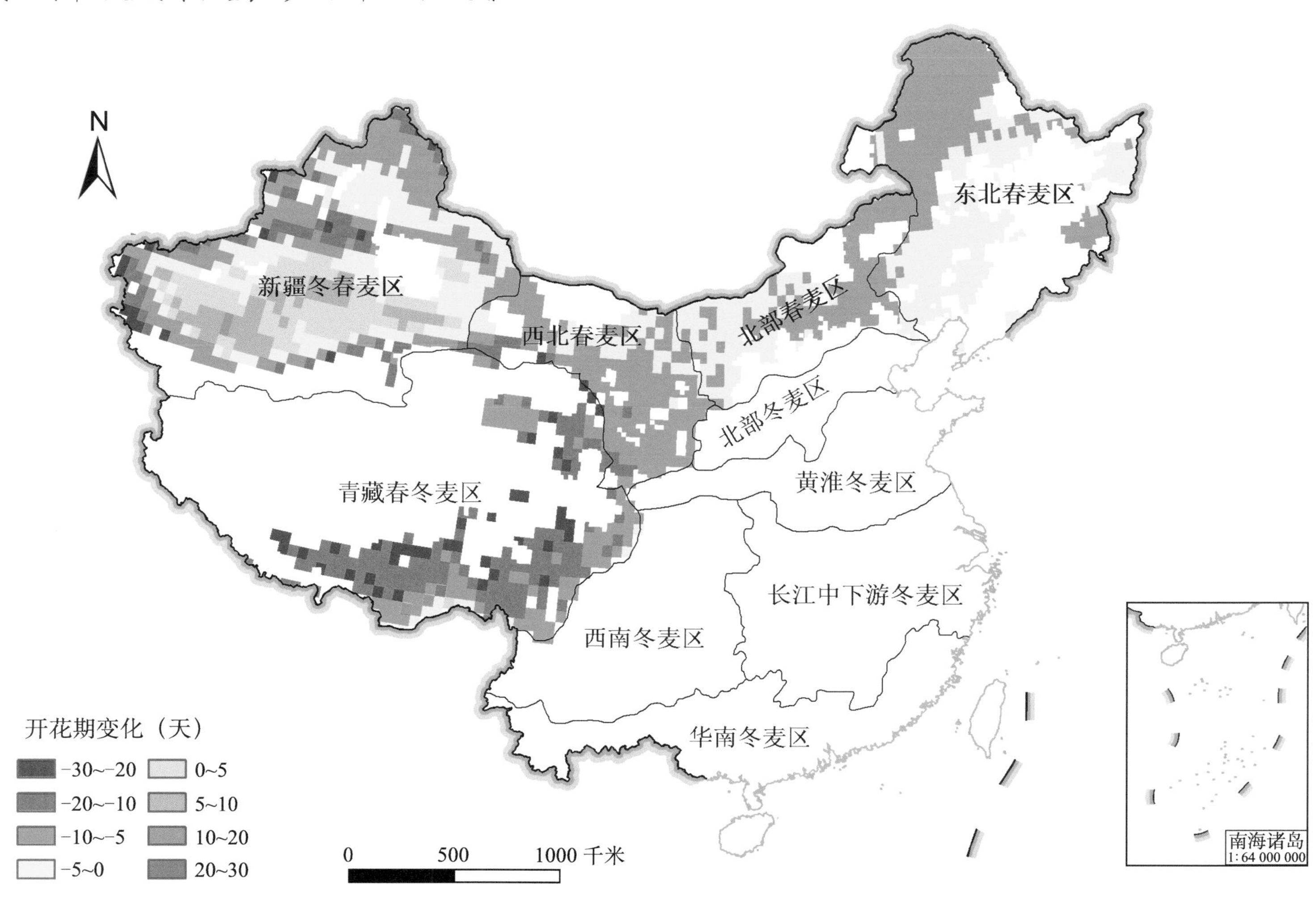
N
新疆冬春麦区
西北春麦区
北部春麦区
东北春麦区
北部冬麦区
青藏春冬麦区
黄淮冬麦区
长江中下游冬麦区
西南冬麦区
华南冬麦区
开花期变化（天）
-30~-20
-20~-10
-10~-5
-5~0
0~5
5~10
10~20
20~30
0
500
1000 千米
南海诸岛
1: 64 000 000

图 2-21　RCP8.5 情景下近期春小麦开花期变化

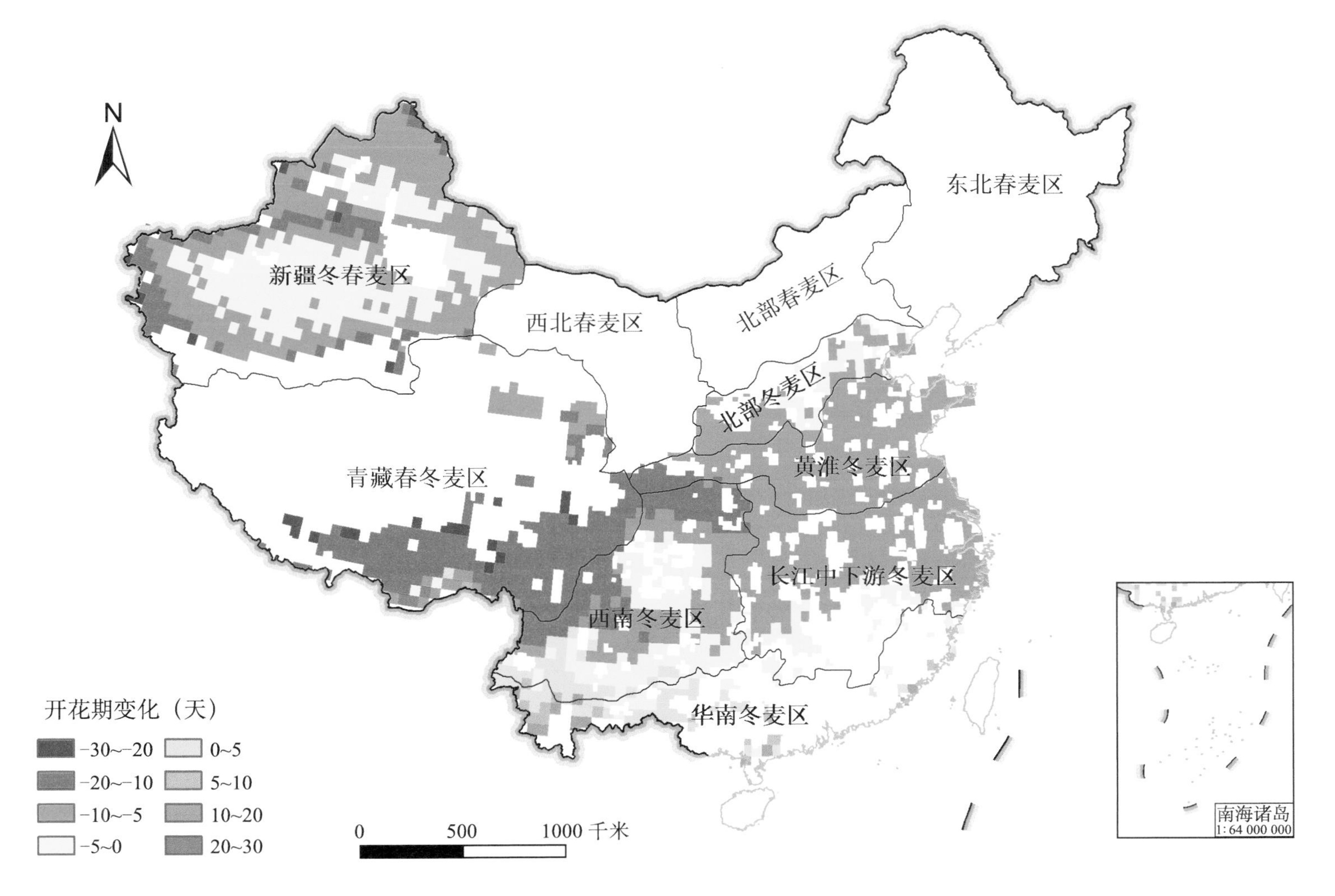
N
东北春麦区
新疆冬春麦区
西北春麦区
北部春麦区
北部冬麦区
黄淮冬麦区
青藏春冬麦区
长江中下游冬麦区
西南冬麦区
华南冬麦区
开花期变化（天）
-30~-20
-20~-10
-10~-5
-5~0
0~5
5~10
10~20
20~30
0
500
1000 千米
南海诸岛
1: 64 000 000

图 2-22 RCP8.5 情景下近期冬小麦开花期变化

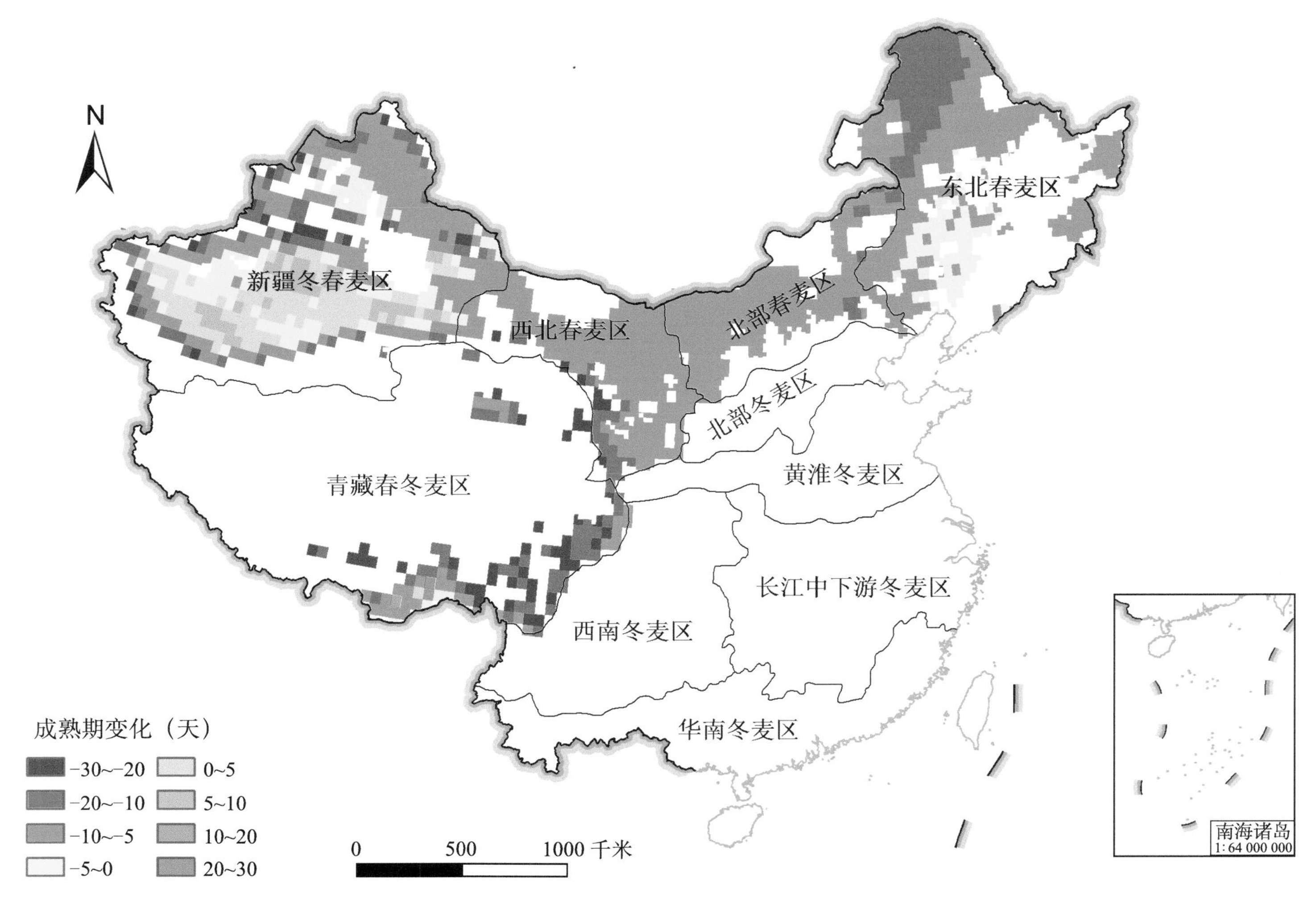
N
东北春麦区
新疆冬春麦区
北部春麦区
西北春麦区
北部冬麦区
黄淮冬麦区
青藏春冬麦区
长江中下游冬麦区
西南冬麦区
华南冬麦区
成熟期变化（天）
-30~-20
-20~-10
-10~-5
-5~0
0~5
5~10
10~20
20~30
0
500
1000 千米
南海诸岛
1: 64 000 000

图 2-23　RCP2.6 情景下近期春小麦成熟期变化

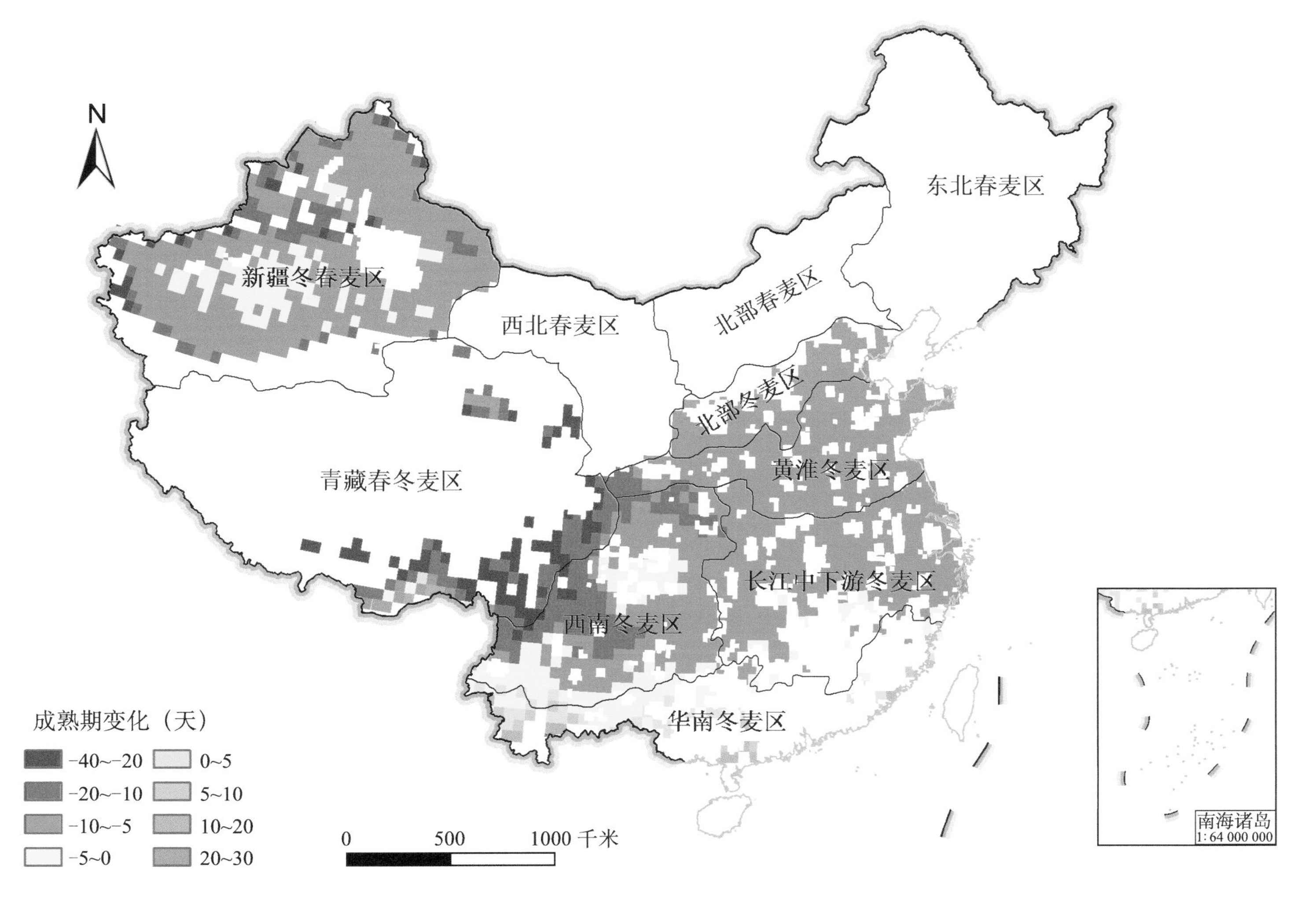
N
东北春麦区
新疆冬春麦区
西北春麦区
北部春麦区
北部冬麦区
黄淮冬麦区
青藏春冬麦区
长江中下游冬麦区
西南冬麦区
华南冬麦区
成熟期变化（天）
-40~-20
-20~-10
-10~-5
-5~0
0~5
5~10
10~20
20~30
0
500
1000 千米
南海诸岛
1: 64 000 000

图 2-24　RCP2.6 情景下近期冬小麦成熟期变化

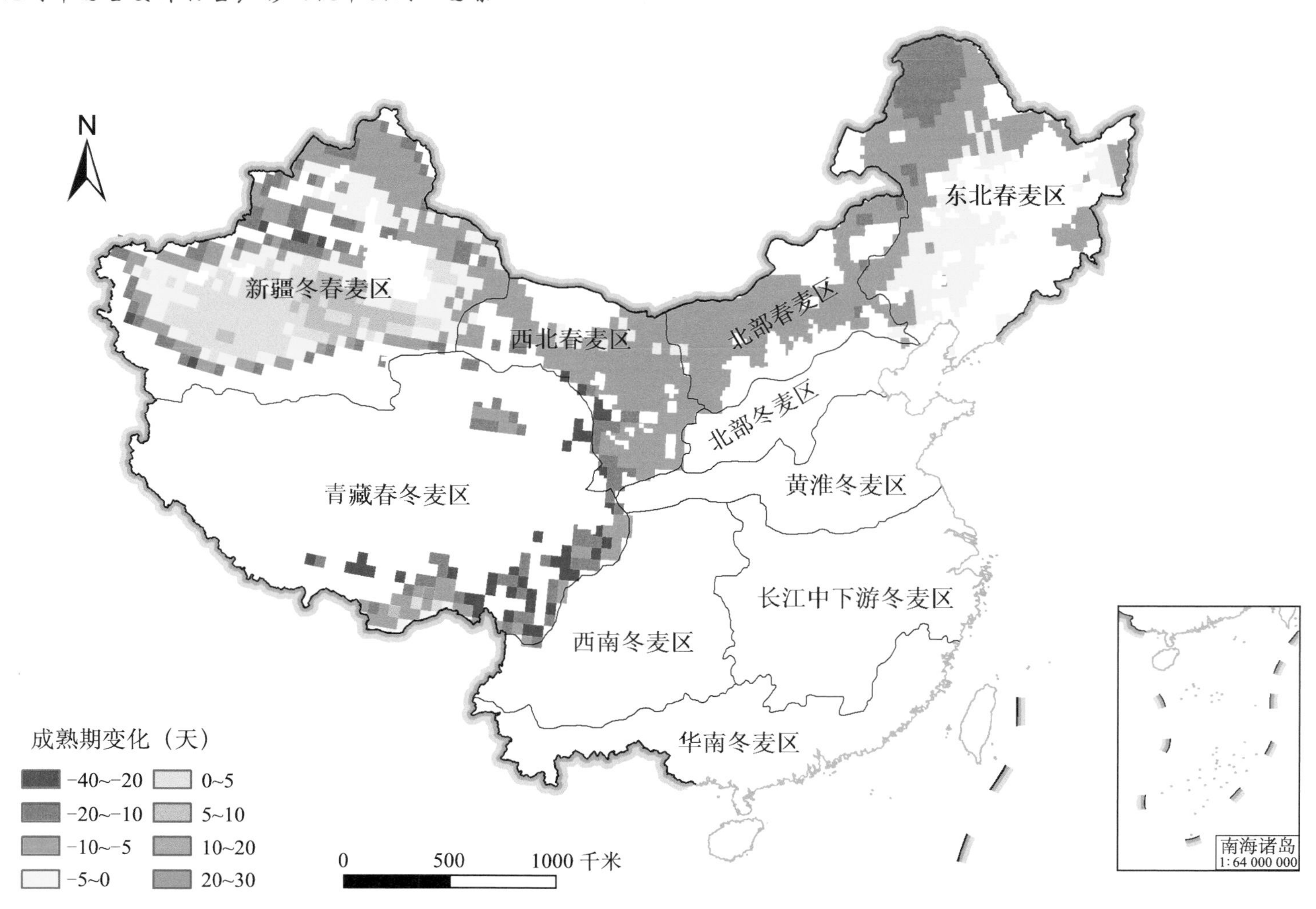
N
新疆冬春麦区
西北春麦区
北部春麦区
东北春麦区
北部冬麦区
黄淮冬麦区
青藏春冬麦区
长江中下游冬麦区
西南冬麦区
华南冬麦区
成熟期变化（天）
-40~-20
-20~-10
-10~-5
-5~0
0~5
5~10
10~20
20~30
0 500 1000 千米
南海诸岛
1: 64 000 000

图 2-25　RCP4.5 情景下近期春小麦成熟期变化

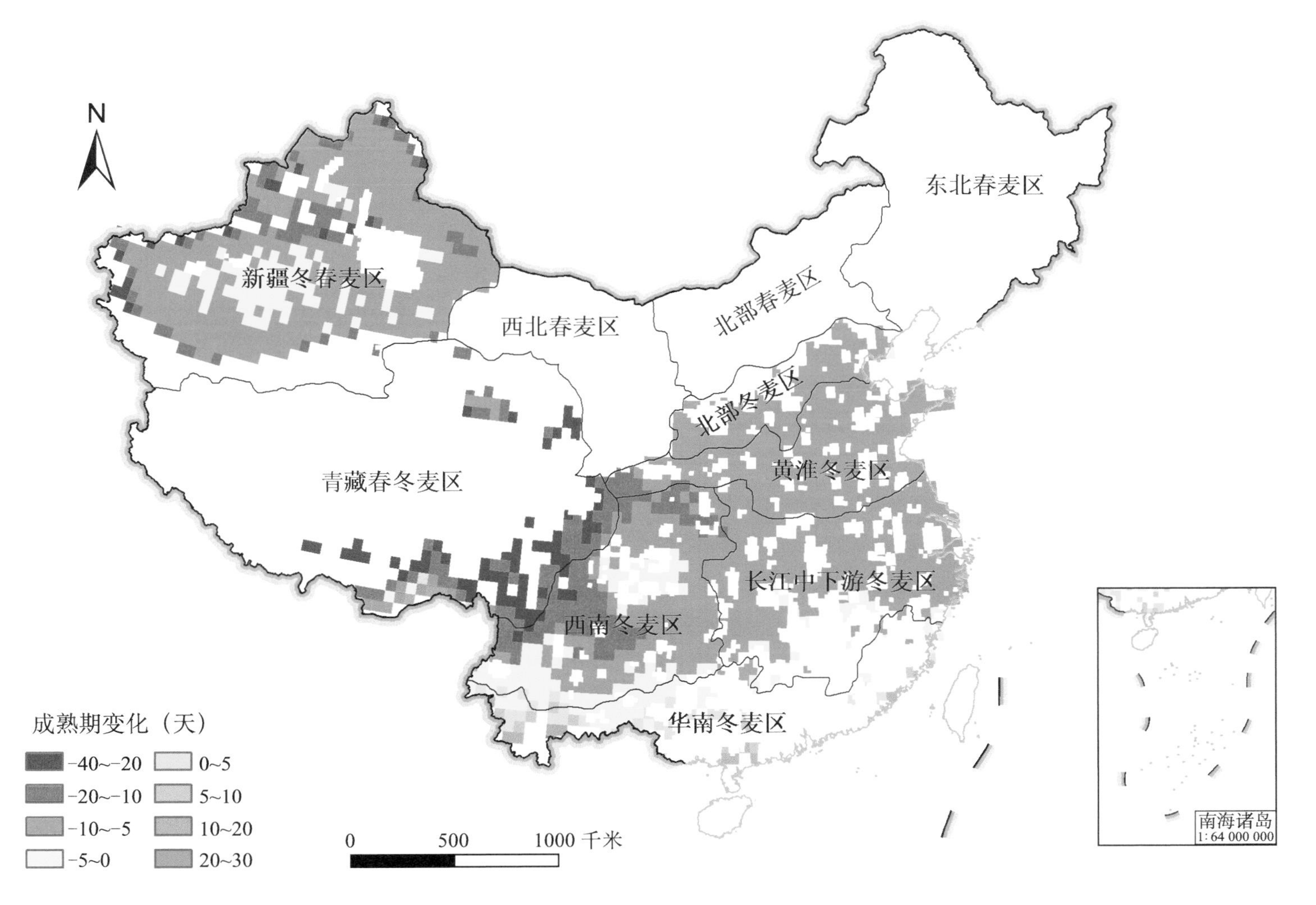
N
东北春麦区
新疆冬春麦区
西北春麦区
北部春麦区
北部冬麦区
青藏春冬麦区
黄淮冬麦区
长江中下游冬麦区
西南冬麦区
华南冬麦区
成熟期变化（天）
-40~-20
-20~-10
-10~-5
-5~0
0~5
5~10
10~20
20~30
0
500
1000 千米
南海诸岛
1: 64 000 000

图 2-26 RCP4.5 情景下近期冬小麦成熟期变化

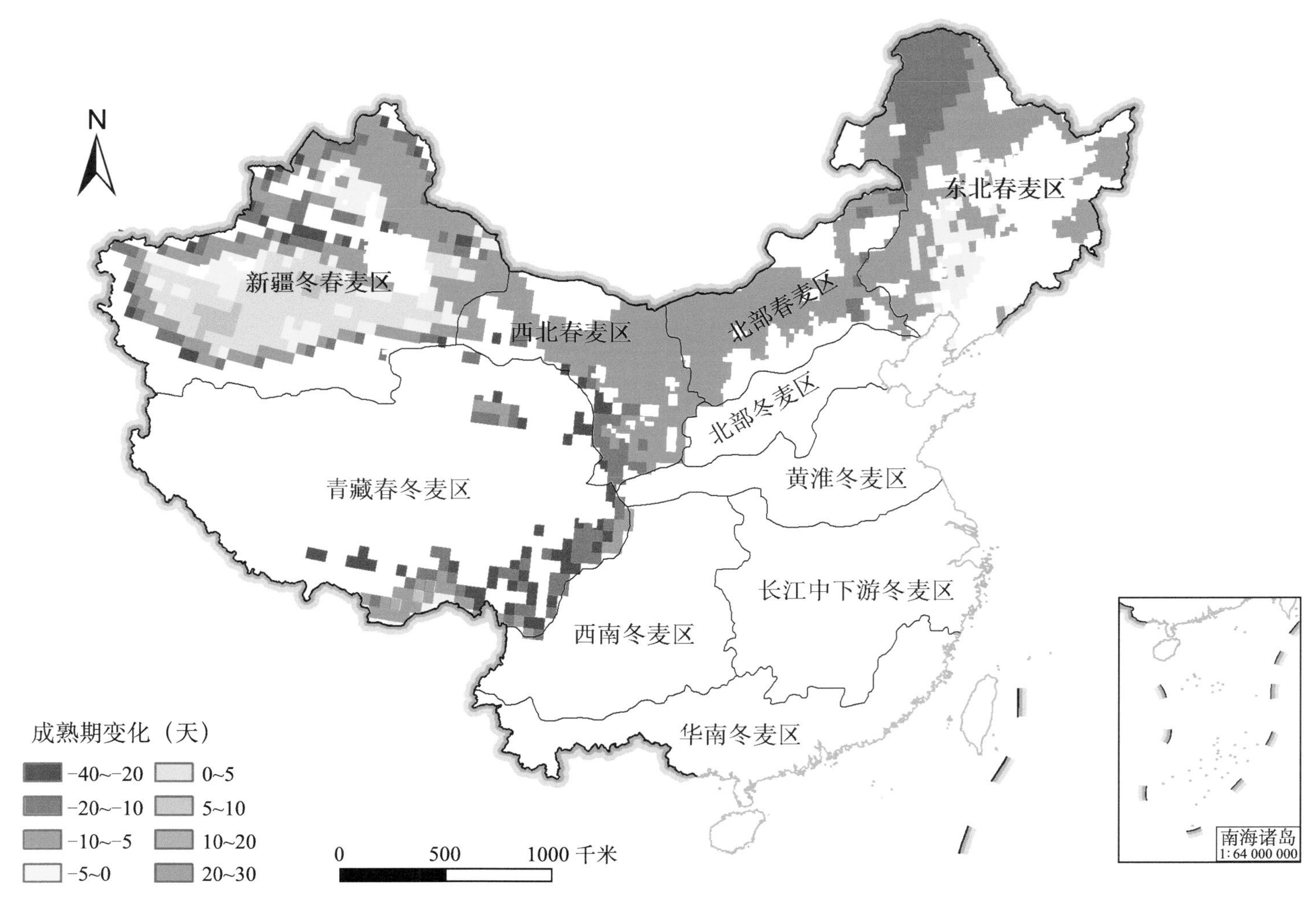
N
新疆冬春麦区
西北春麦区
北部春麦区
东北春麦区
北部冬麦区
黄淮冬麦区
青藏春冬麦区
长江中下游冬麦区
西南冬麦区
华南冬麦区
成熟期变化（天）
-40~-20
-20~-10
-10~-5
-5~0
0~5
5~10
10~20
20~30
0
500
1000 千米
南海诸岛
1: 64 000 000

图 2-27　RCP8.5 情景下近期春小麦成熟期变化

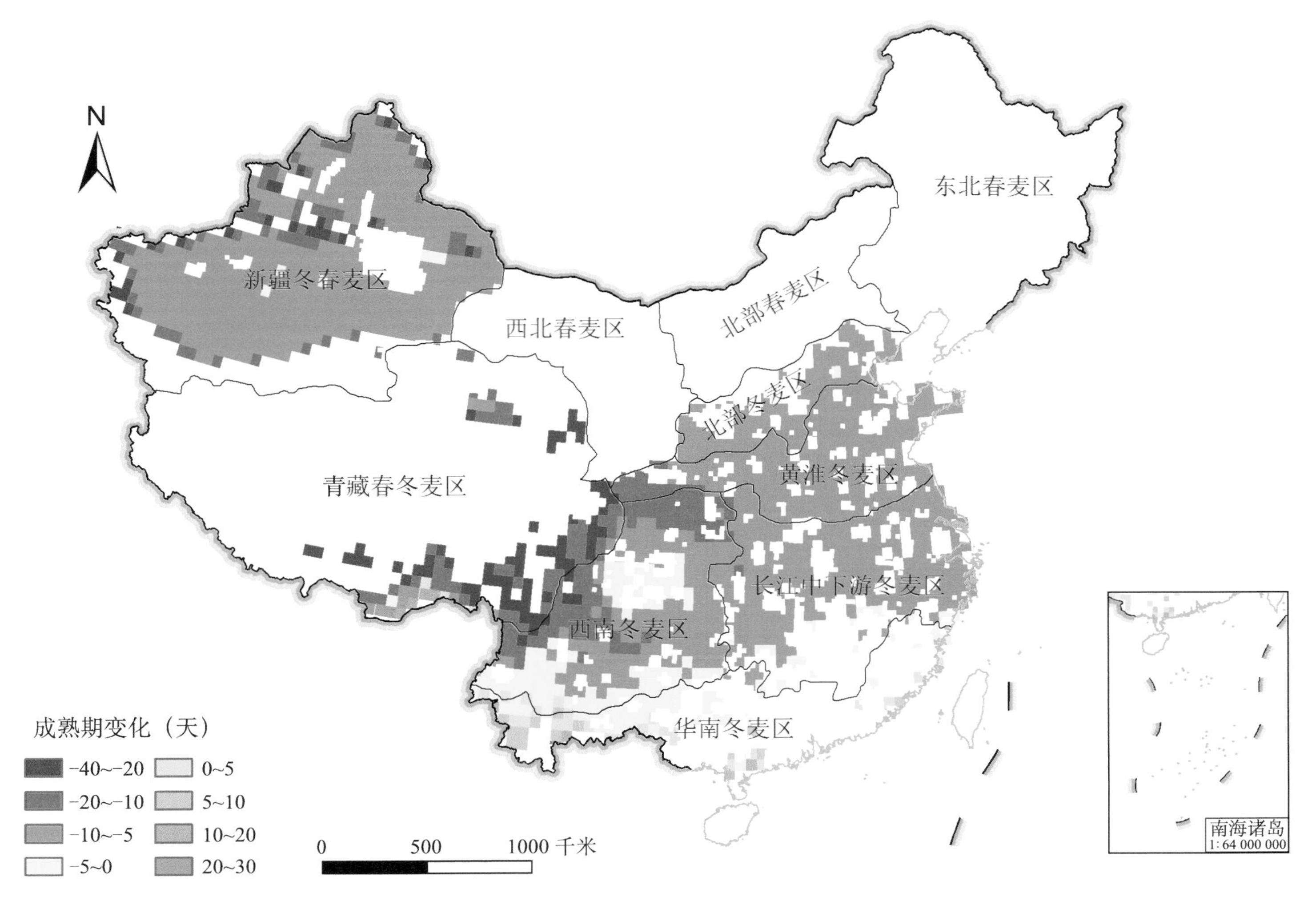
N
东北春麦区
新疆冬春麦区
西北春麦区
北部春麦区
北部冬麦区
黄淮冬麦区
青藏春冬麦区
长江中下游冬麦区
西南冬麦区
华南冬麦区
成熟期变化（天）
-40~-20
-20~-10
-10~-5
-5~0
0~5
5~10
10~20
20~30
0
500
1000 千米
南海诸岛
1: 64 000 000

图 2-28　RCP8.5 情景下近期冬小麦成熟期变化

2.4 基准期小麦产量分布

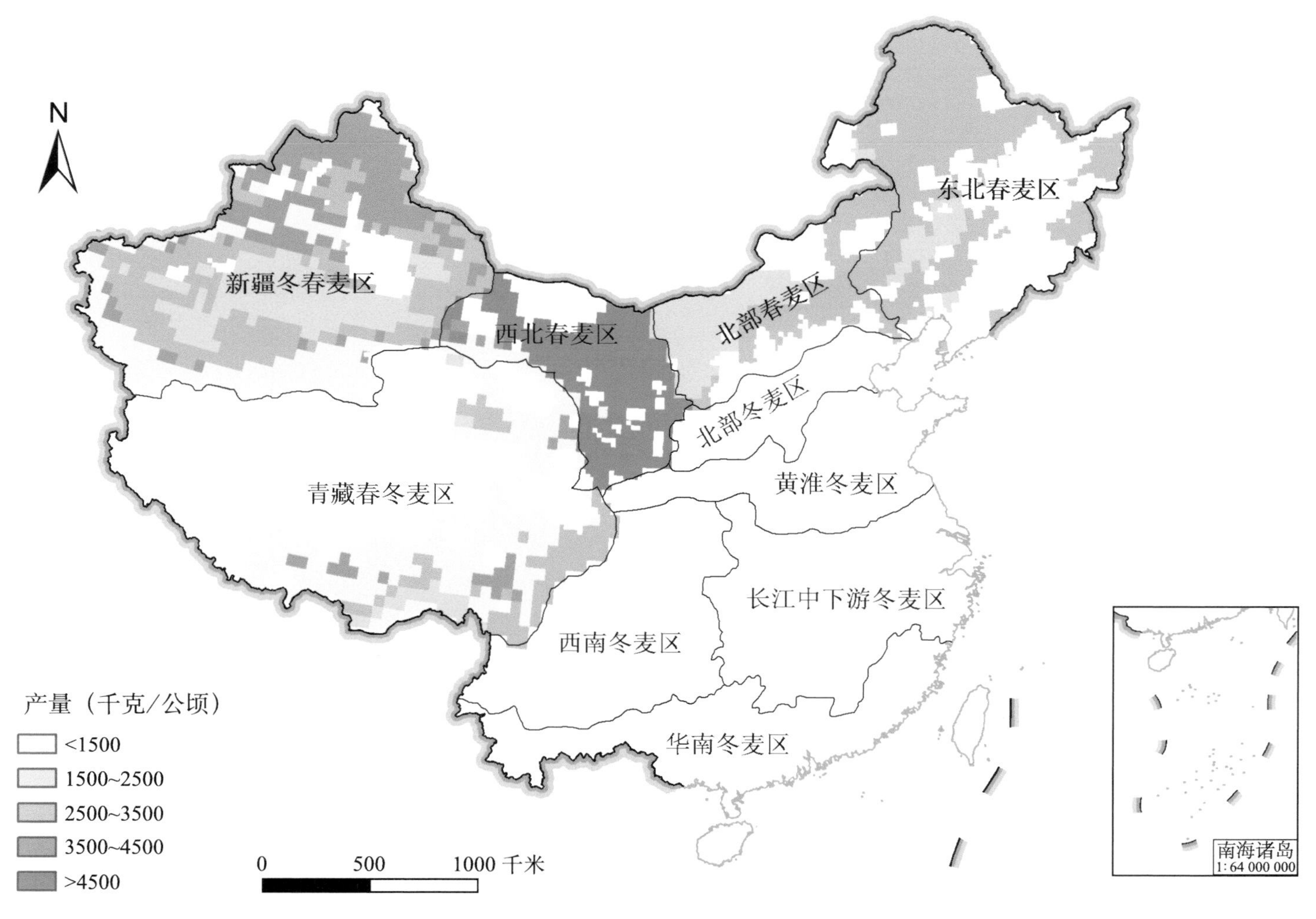
N
东北春麦区
新疆冬春麦区
北部春麦区
西北春麦区
北部冬麦区
黄淮冬麦区
青藏春冬麦区
长江中下游冬麦区
西南冬麦区
华南冬麦区
产量（千克/公顷）
<1500
1500~2500
2500~3500
3500~4500
>4500
0
500
1000 千米
南海诸岛
1:64 000 000

图 2-29 基准期春小麦产量分布

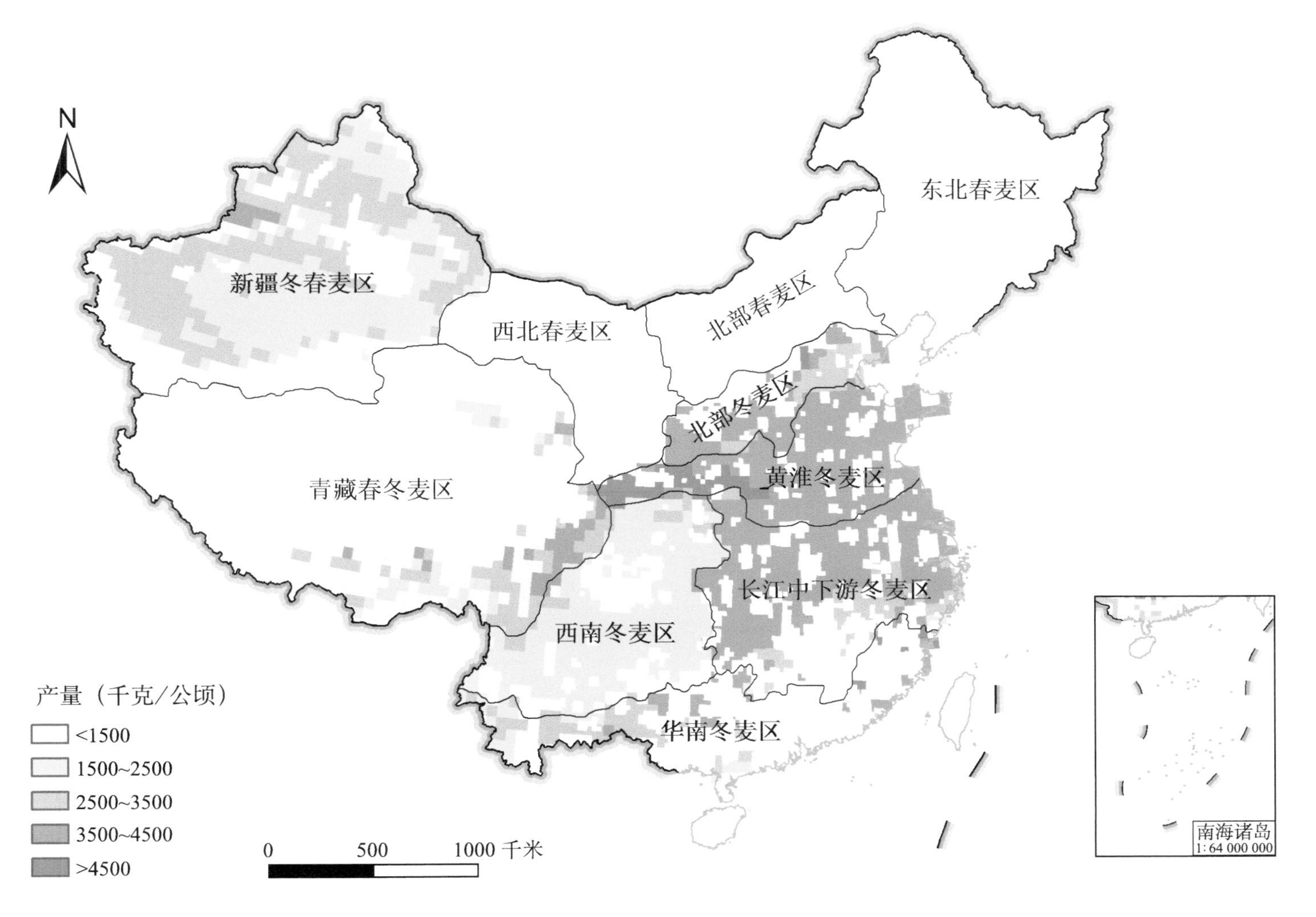
N
东北春麦区
新疆冬春麦区
西北春麦区
北部春麦区
北部冬麦区
黄淮冬麦区
青藏春冬麦区
长江中下游冬麦区
西南冬麦区
华南冬麦区
产量（千克/公顷）
<1500
1500~2500
2500~3500
3500~4500
>4500
0
500
1000 千米
南海诸岛
1: 64 000 000

图 2-30 基准期冬小麦产量分布

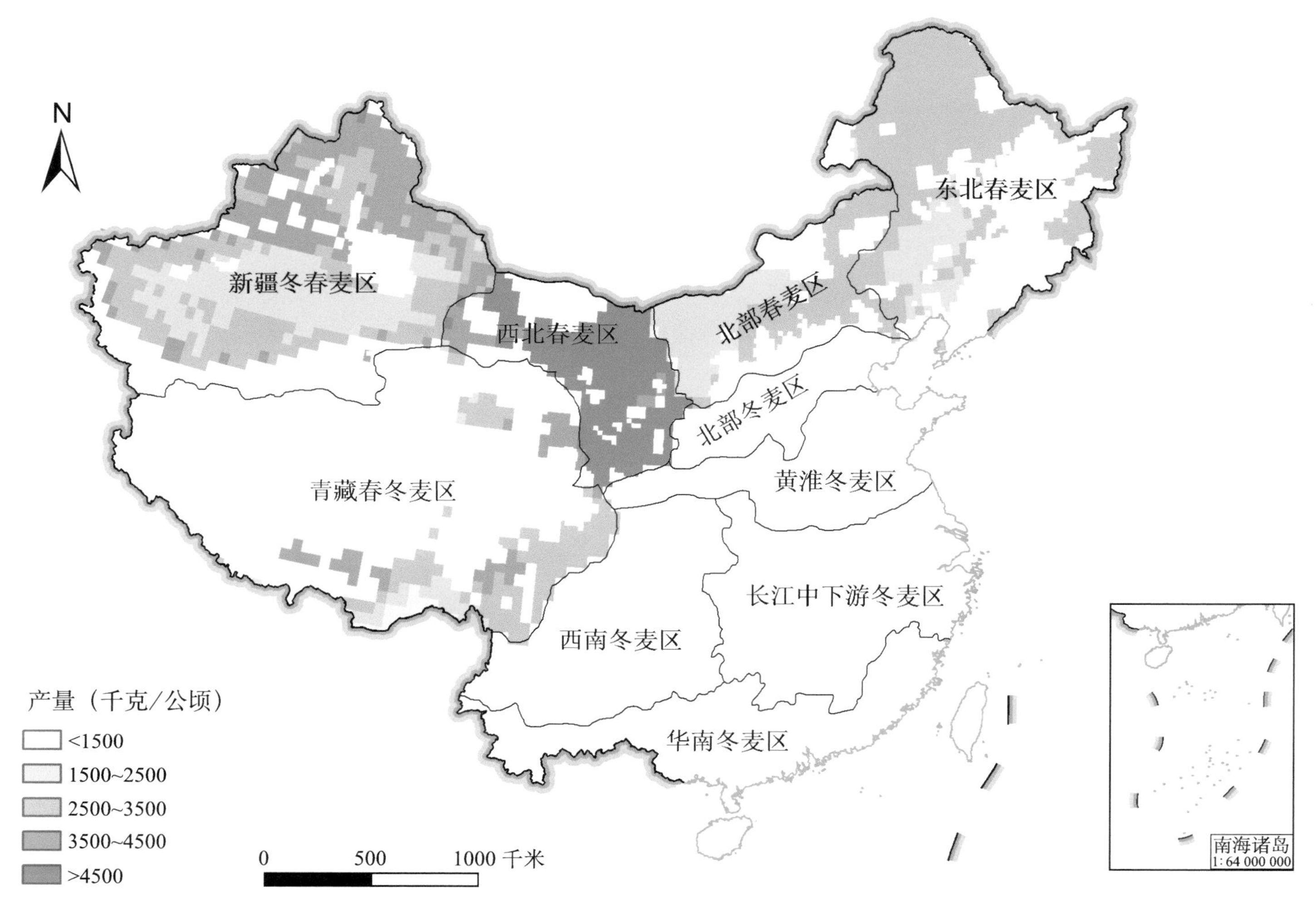
N
新疆冬春麦区
西北春麦区
北部春麦区
东北春麦区
北部冬麦区
黄淮冬麦区
青藏春冬麦区
长江中下游冬麦区
西南冬麦区
华南冬麦区
产量（千克/公顷）
<1500
1500~2500
2500~3500
3500~4500
>4500
0
500
1000 千米
南海诸岛
1: 64 000 000

图 2-31　RCP2.6 情景下近期春小麦产量分布

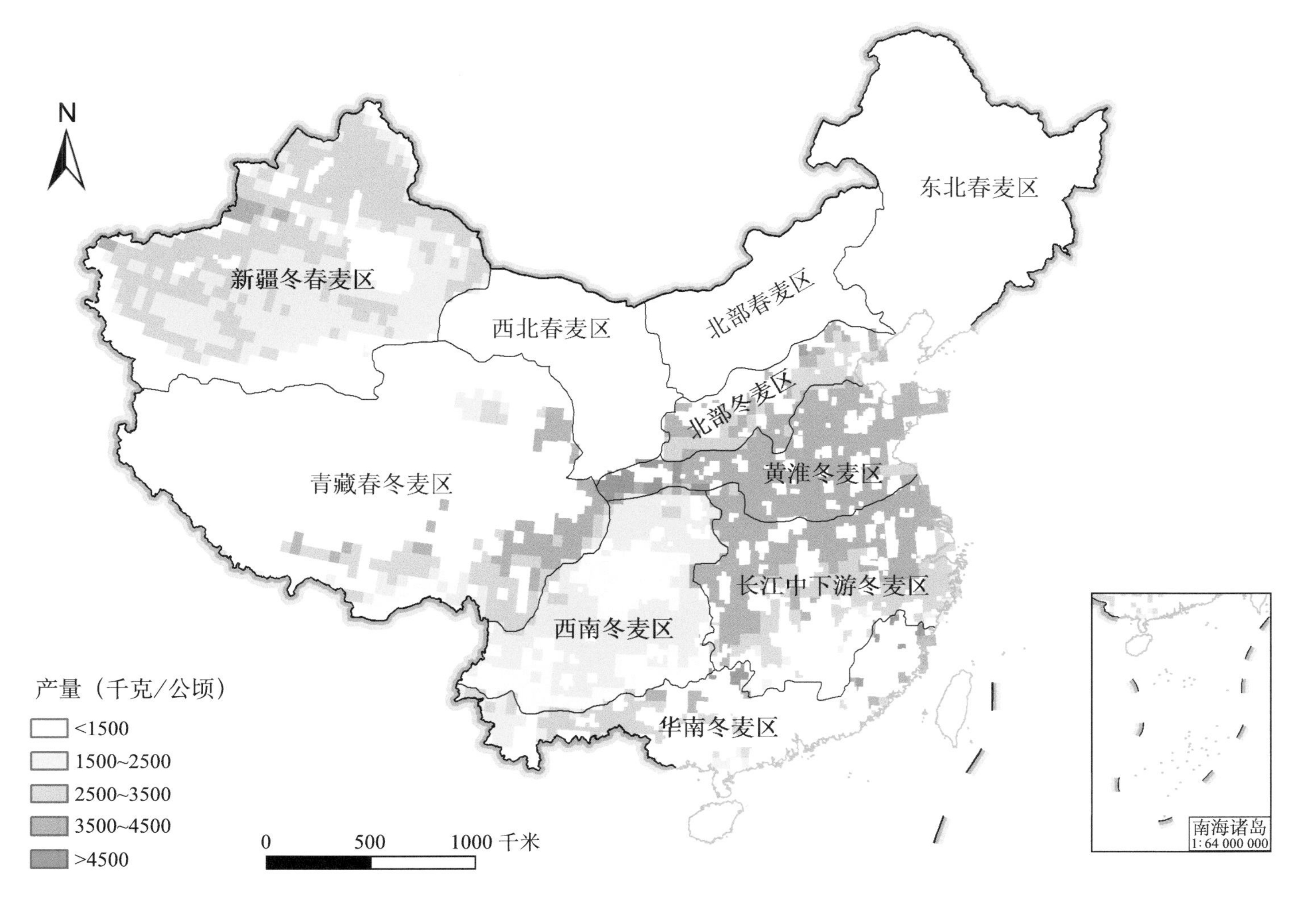
N
东北春麦区
新疆冬春麦区
北部春麦区
西北春麦区
北部冬麦区
黄淮冬麦区
青藏春冬麦区
长江中下游冬麦区
西南冬麦区
华南冬麦区
产量（千克/公顷）
<1500
1500~2500
2500~3500
3500~4500
>4500
0
500
1000 千米
南海诸岛
1: 64 000 000

图 2-32　RCP2.6 情景下近期冬小麦产量分布

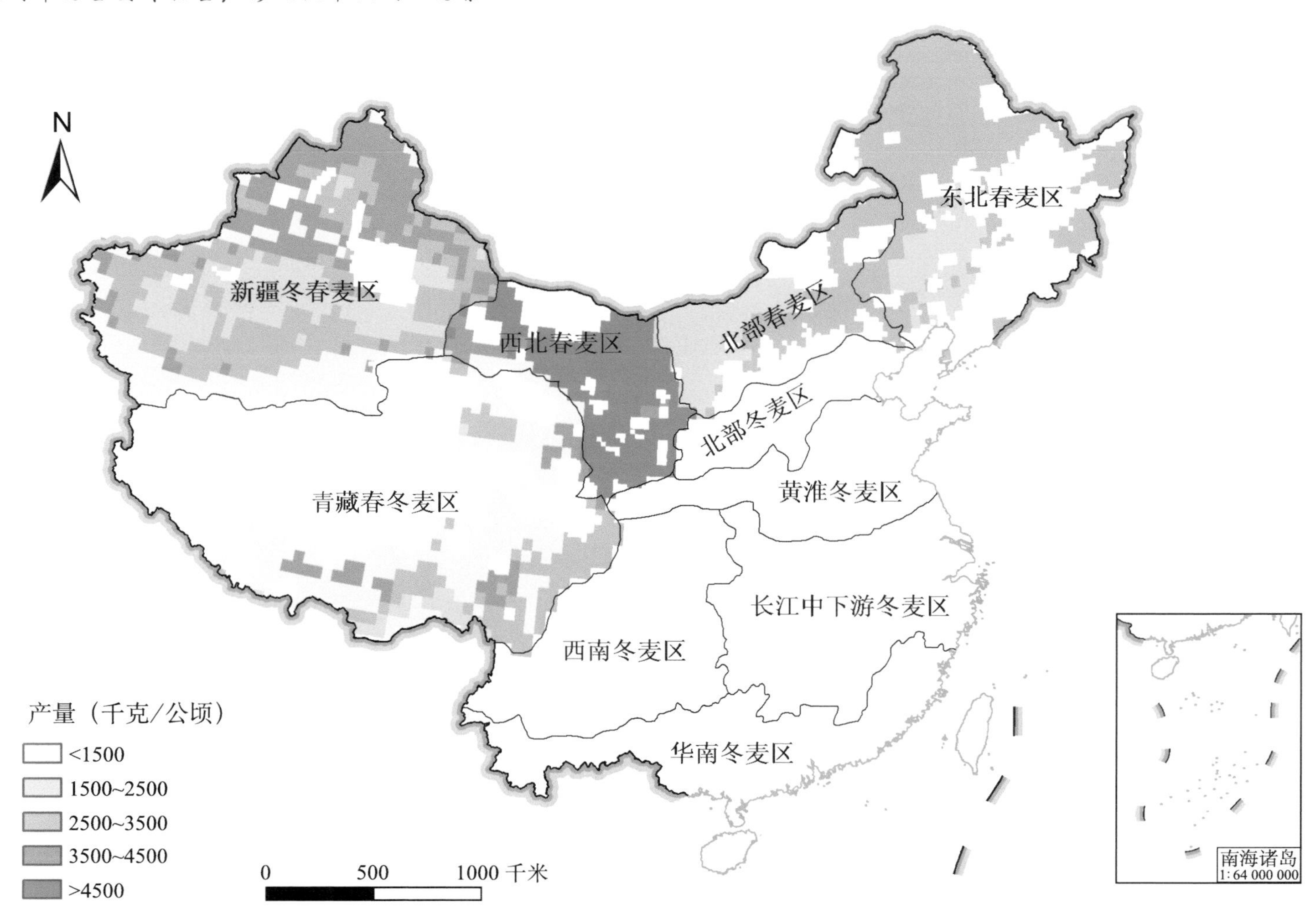
N
新疆冬春麦区
西北春麦区
北部春麦区
东北春麦区
北部冬麦区
黄淮冬麦区
青藏春冬麦区
长江中下游冬麦区
西南冬麦区
华南冬麦区
产量（千克/公顷）
<1500
1500~2500
2500~3500
3500~4500
>4500
0 500 1000 千米
南海诸岛
1: 64 000 000

图 2-33　RCP4.5 情景下近期春小麦产量分布

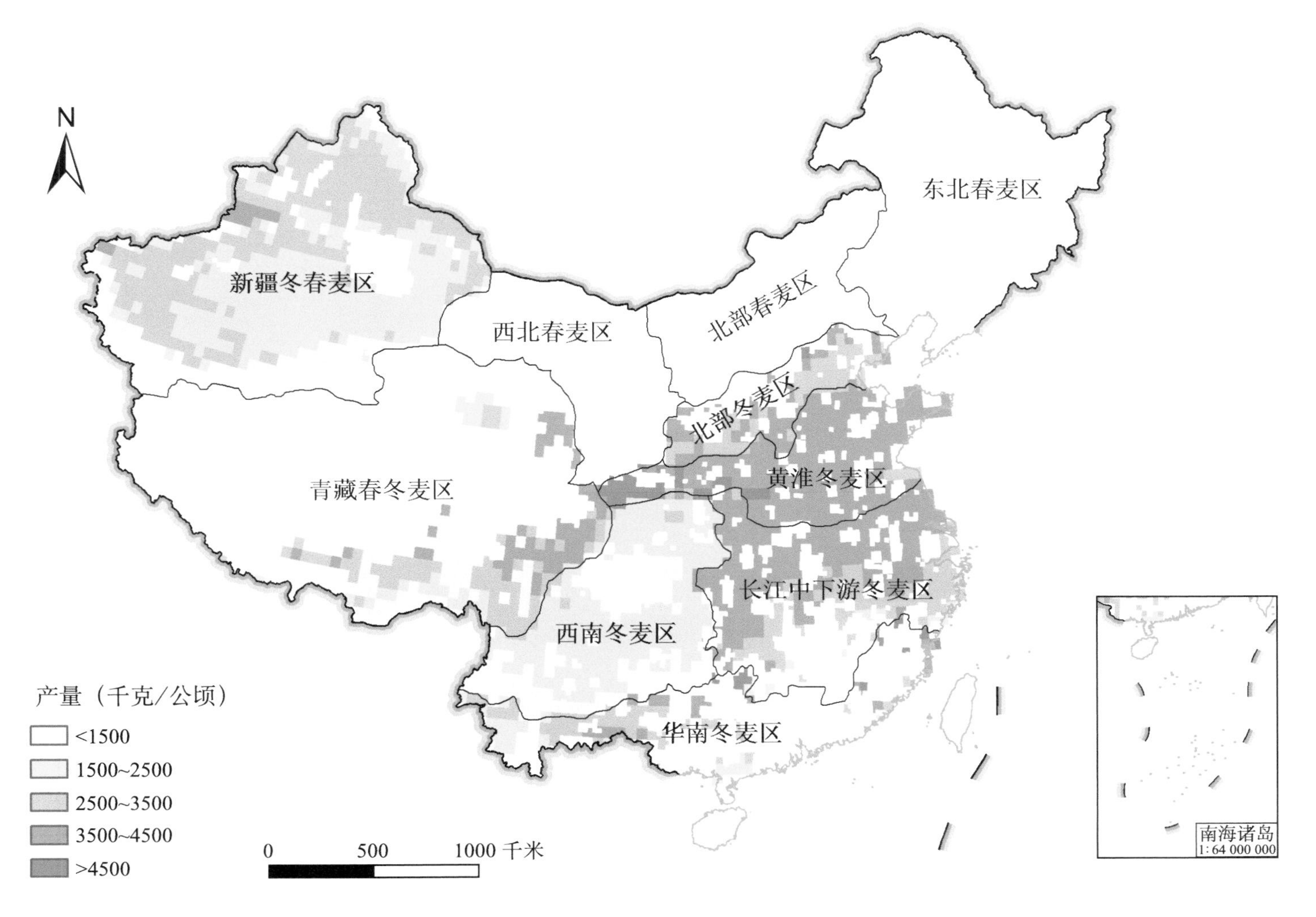
N
东北春麦区
新疆冬春麦区
西北春麦区
北部春麦区
北部冬麦区
黄淮冬麦区
青藏春冬麦区
长江中下游冬麦区
西南冬麦区
华南冬麦区
产量（千克/公顷）
<1500
1500~2500
2500~3500
3500~4500
>4500
0
500
1000 千米
南海诸岛
1: 64 000 000

图 2-34 RCP4.5 情景下近期冬小麦产量分布

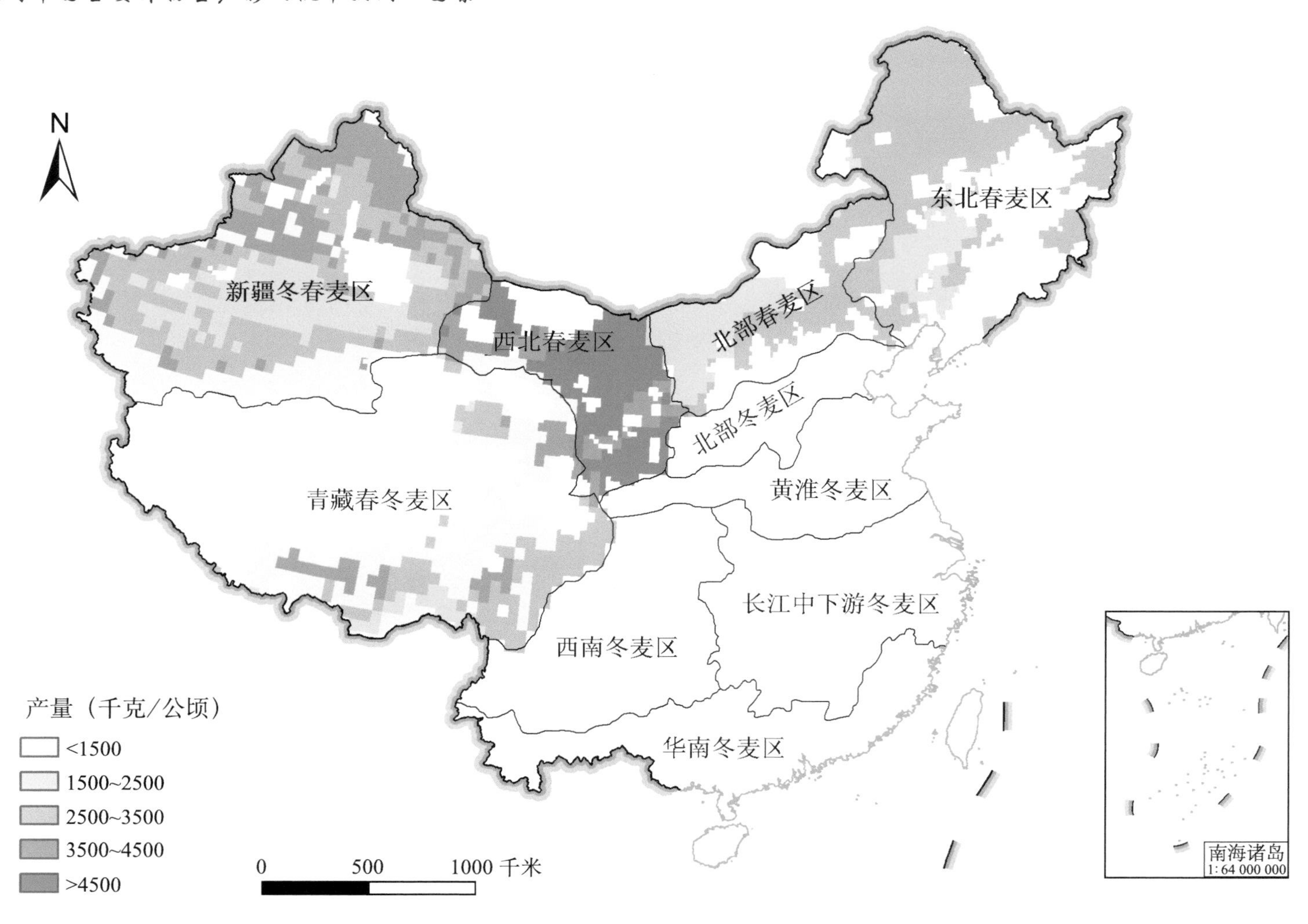
N
东北春麦区
新疆冬春麦区
北部春麦区
西北春麦区
北部冬麦区
黄淮冬麦区
青藏春冬麦区
长江中下游冬麦区
西南冬麦区
华南冬麦区
产量（千克/公顷）
<1500
1500~2500
2500~3500
3500~4500
>4500
0
500
1000 千米
南海诸岛
1:64 000 000

图 2-35　RCP8.5 情景下近期春小麦产量分布

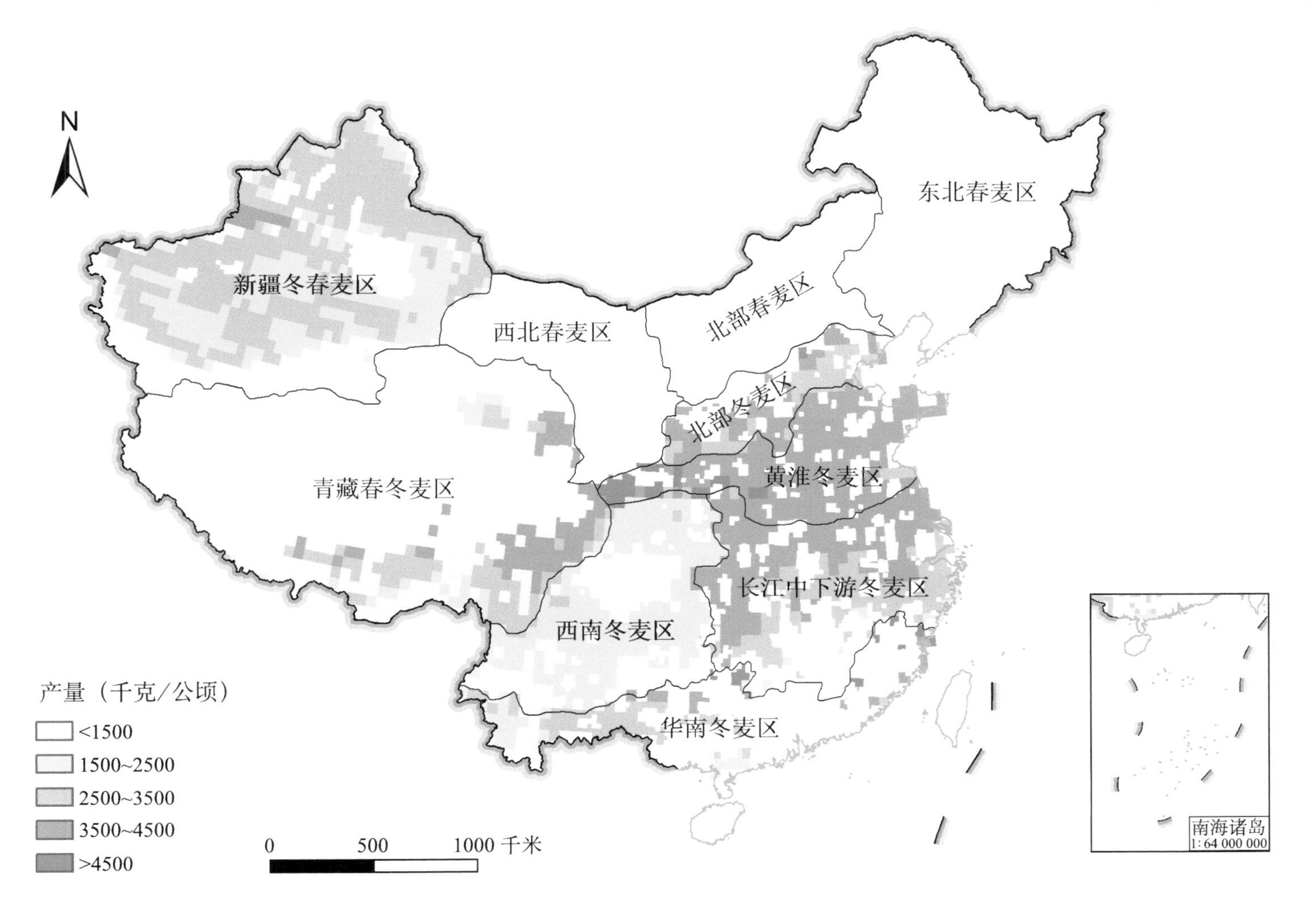
N
东北春麦区
新疆冬春麦区
西北春麦区
北部春麦区
北部冬麦区
黄淮冬麦区
青藏春冬麦区
长江中下游冬麦区
西南冬麦区
华南冬麦区
产量（千克/公顷）
<1500
1500~2500
2500~3500
3500~4500
>4500
0
500
1000 千米
南海诸岛
1: 64 000 000

图 2-36　RCP8.5 情景下近期冬小麦产量分布

2.6 RCPs 情景下小麦产量相对于基准期变化

N
东北春麦区
新疆冬春麦区
北部春麦区
西北春麦区
北部冬麦区
黄淮冬麦区
青藏春冬麦区
长江中下游冬麦区
西南冬麦区
华南冬麦区
产量变化率（%）
<-30
-30~-10
-10~0
0~10
10~30
>30
0
500
1000 千米
南海诸岛
1: 64 000 000

图 2-37　RCP2.6 情景下近期春小麦产量变化

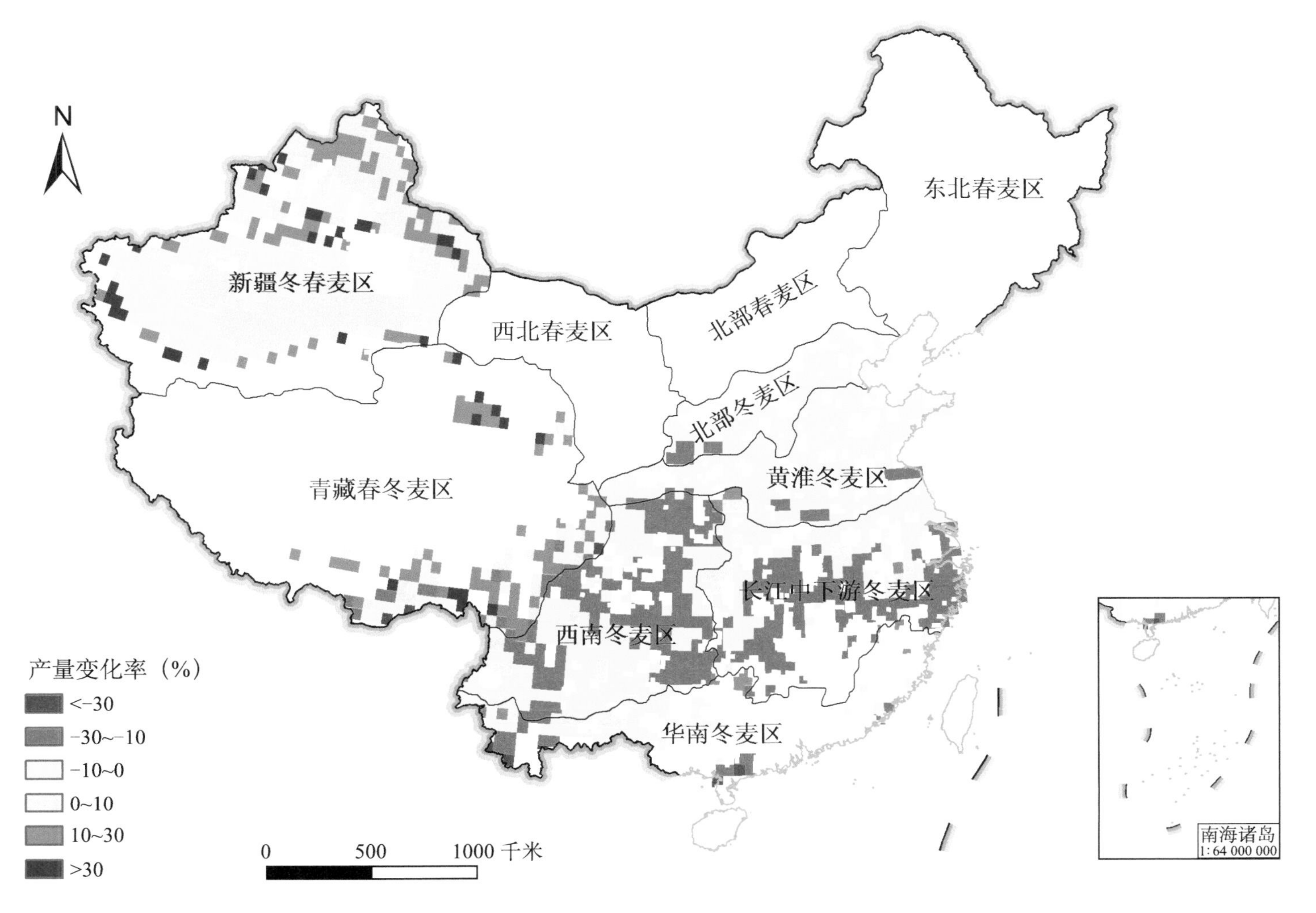
N
东北春麦区
新疆冬春麦区
北部春麦区
西北春麦区
北部冬麦区
黄淮冬麦区
青藏春冬麦区
长江中下游冬麦区
西南冬麦区
华南冬麦区
产量变化率（%）
<-30
-30~-10
-10~0
0~10
10~30
>30
0
500
1000 千米
南海诸岛
1: 64 000 000

图 2-38 RCP2.6 情景下近期冬小麦产量变化

N
新疆冬春麦区
西北春麦区
北部春麦区
东北春麦区
北部冬麦区
黄淮冬麦区
青藏春冬麦区
长江中下游冬麦区
西南冬麦区
华南冬麦区
产量变化率（%）
<-30
-30~-10
-10~0
0~10
10~30
>30
0
500
1000 千米
南海诸岛
1: 64 000 000

图 2-39　RCP4.5 情景下近期春小麦产量变化

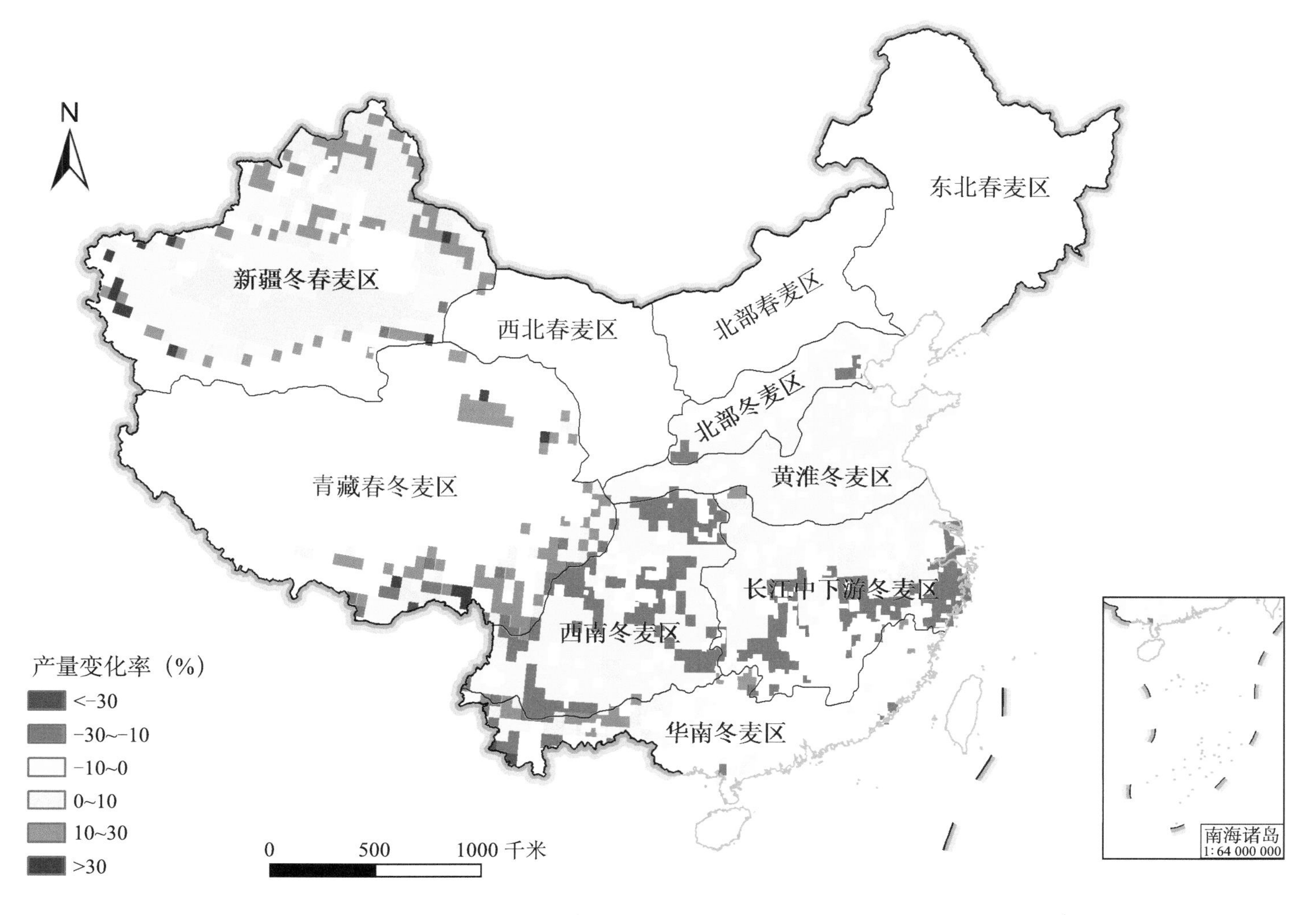
N
东北春麦区
新疆冬春麦区
北部春麦区
西北春麦区
北部冬麦区
黄淮冬麦区
青藏春冬麦区
长江中下游冬麦区
西南冬麦区
华南冬麦区
产量变化率（%）
<-30
-30~-10
-10~0
0~10
10~30
>30
0
500
1000 千米
南海诸岛
1:64 000 000

图 2-40　RCP4.5 情景下近期冬小麦产量变化

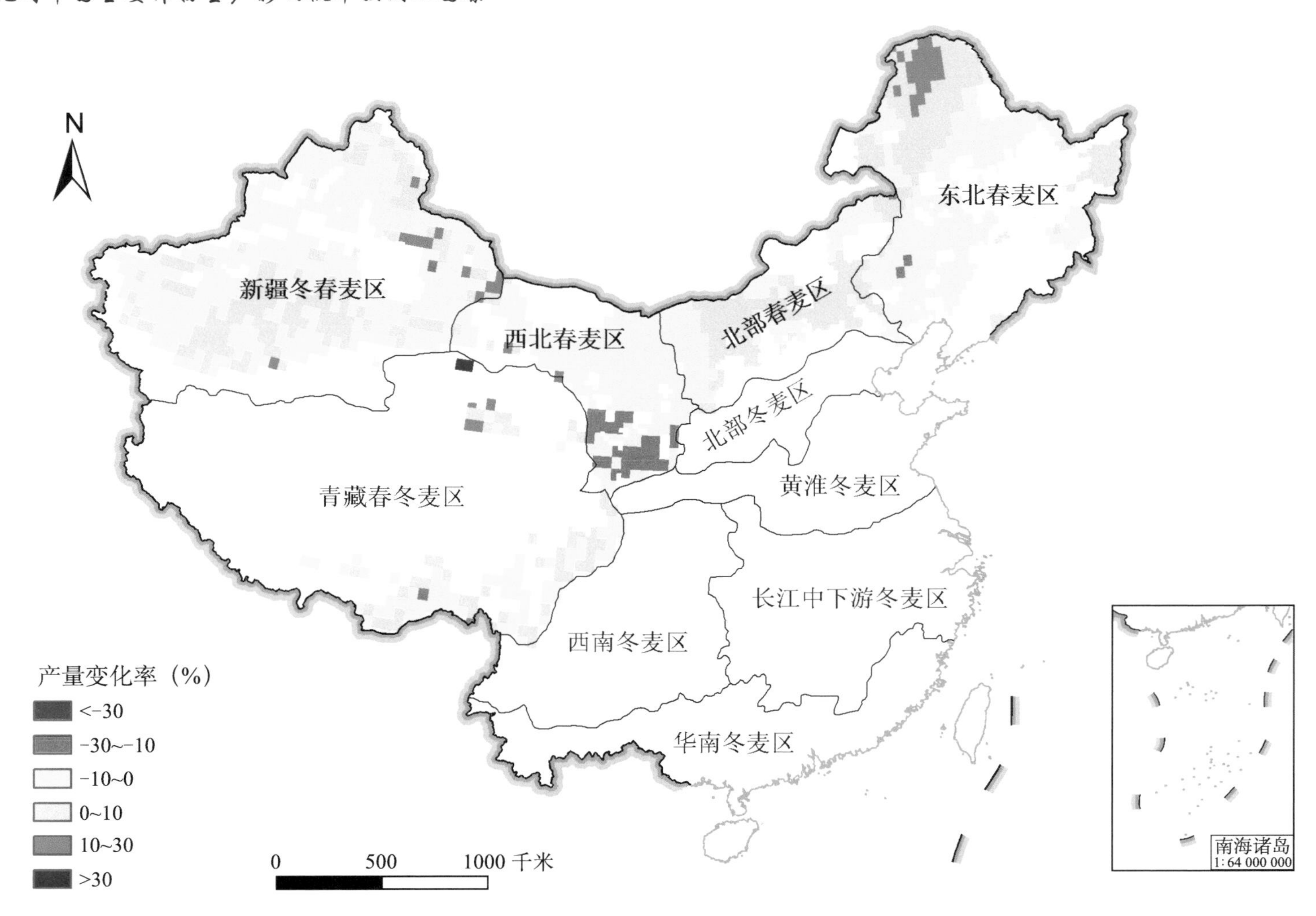
N
新疆冬春麦区
西北春麦区
北部春麦区
东北春麦区
北部冬麦区
青藏春冬麦区
黄淮冬麦区
长江中下游冬麦区
西南冬麦区
华南冬麦区
产量变化率（%）
<-30
-30~-10
-10~0
0~10
10~30
>30
0
500
1000 千米
南海诸岛
1:64 000 000

图 2-41　RCP8.5 情景下近期春小麦产量变化

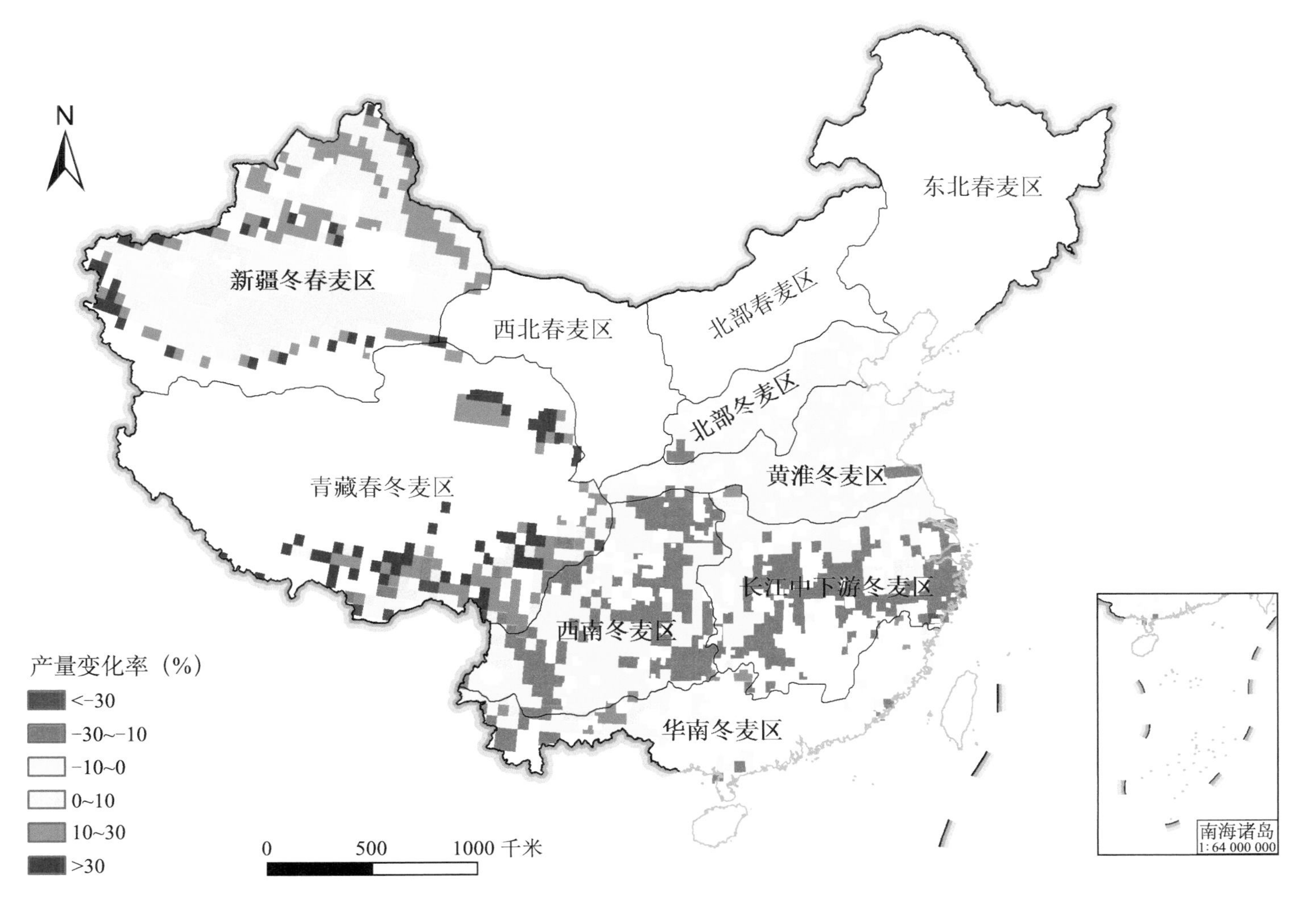
N
东北春麦区
新疆冬春麦区
西北春麦区
北部春麦区
北部冬麦区
黄淮冬麦区
青藏春冬麦区
长江中下游冬麦区
西南冬麦区
华南冬麦区
产量变化率（%）
<-30
-30~-10
-10~0
0~10
10~30
>30
0
500
1000 千米
南海诸岛
1: 64 000 000

图 2-42　RCP8.5 情景下近期冬小麦产量变化

第三部分

玉米生产变化

本部分展示了气候变化背景下中国玉米生产的空间分布，包括基准期（1981—2010 年）以及近期（2011—2040 年）3 种典型浓度路径（RCP2.6、RCP4.5、RCP8.5）。本章共包含 21 幅图，其中 3.1 节、3.2 节和 3.3 节分别为基准期玉米物候期（开花期和成熟期）分布、气候变化情景下玉米物候期分布和相对于基准期物候期的变化天数。3.4 节、3.5 节和 3.6 节分别为基准期玉米产量分布、气候变化情景下玉米产量分布和相对于基准期产量的变化率。数据空间分辨率为 0.5°×0.5°。本部分基于多情景气候预估数据从物候和产量两方面分别开展预测，以反映未来气候变化对我国玉米生产的可能影响。

3.1 基准期玉米物候期分布

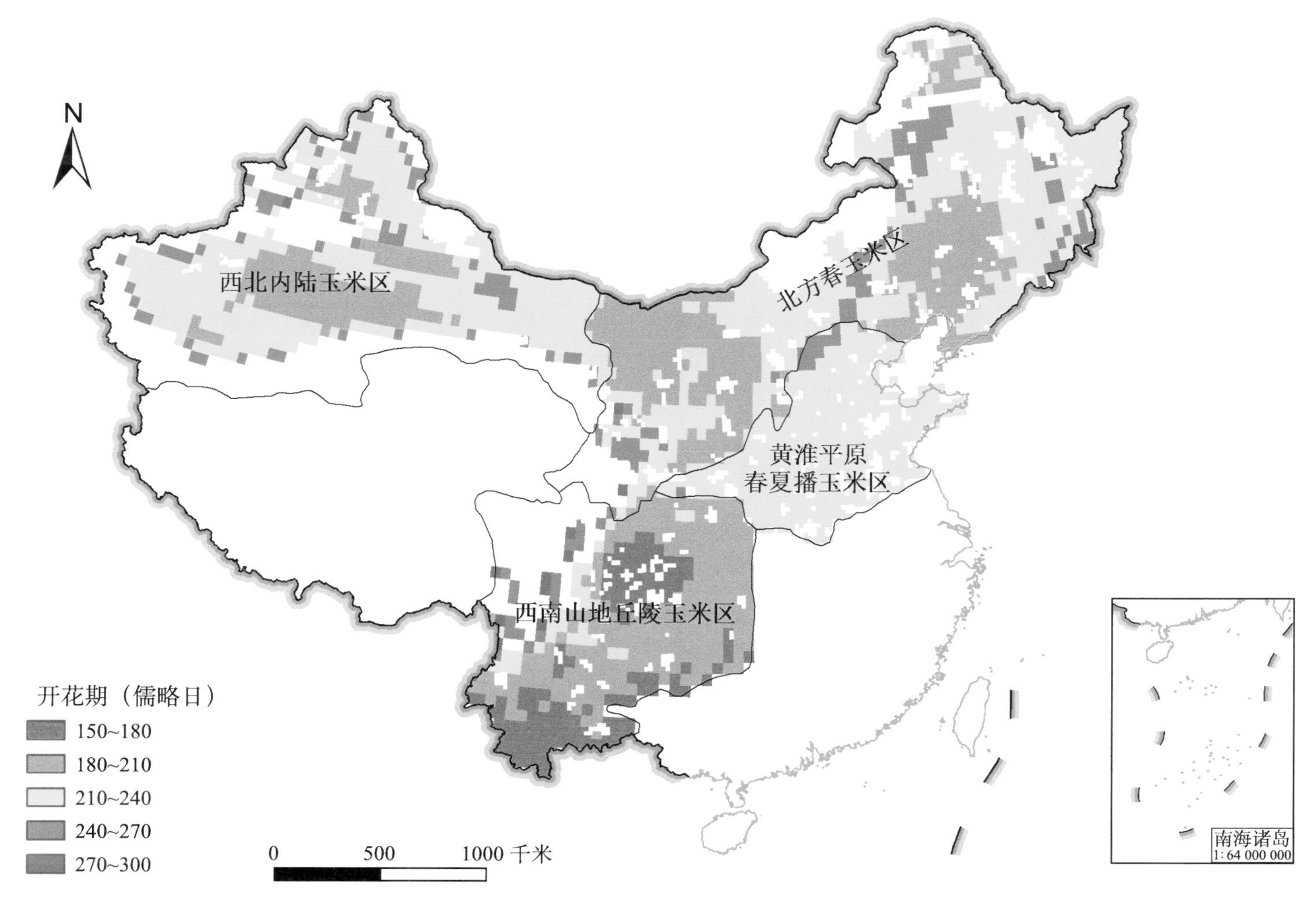
N
西北内陆玉米区
北方春玉米区
黄淮平原
春夏播玉米区
西南山地丘陵玉米区
开花期（儒略日）
150~180
180~210
210~240
240~270
270~300
0
500
1000 千米
南海诸岛
1:64 000 000

图 3-1　基准期玉米开花期分布

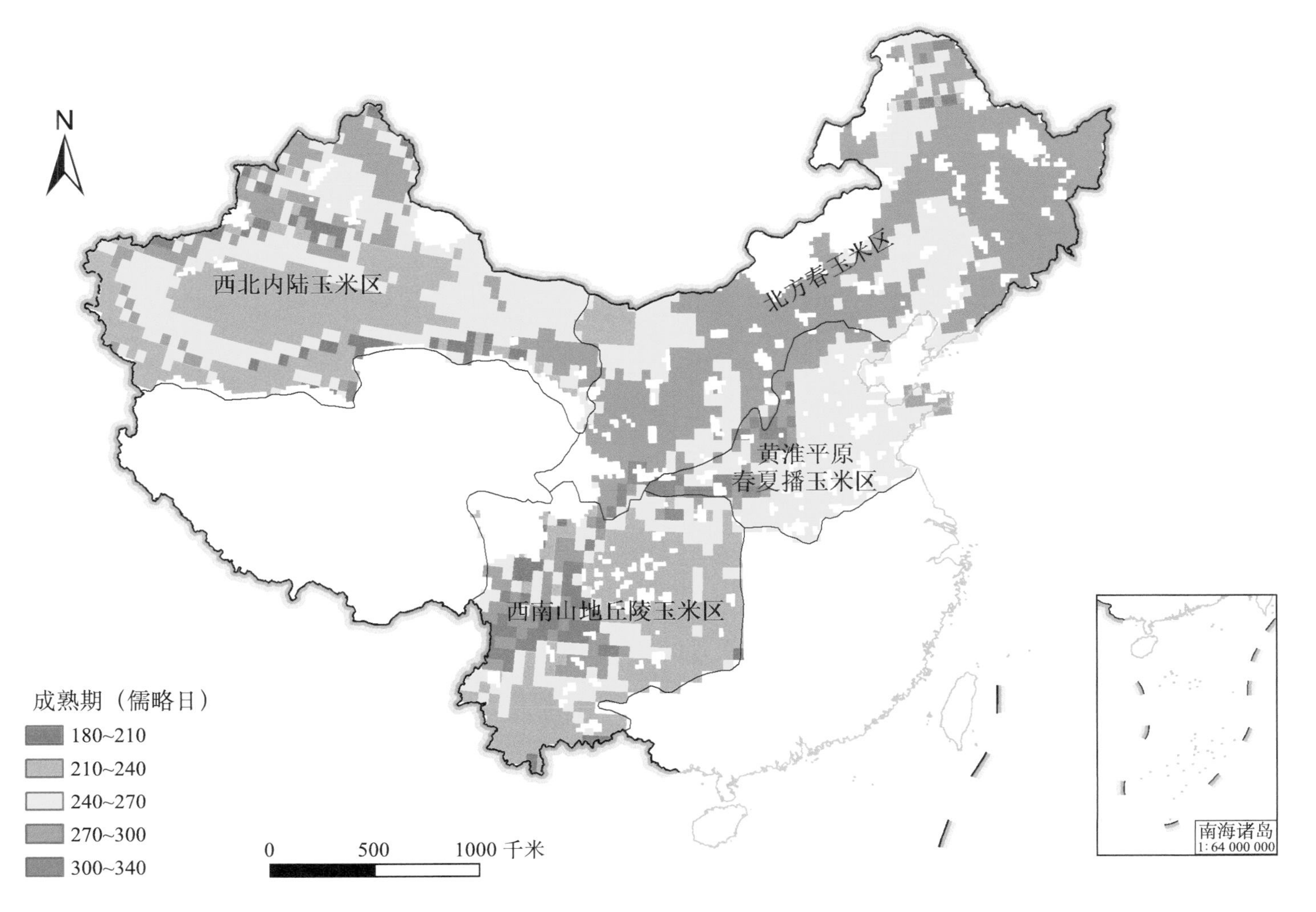
N
西北内陆玉米区
北方春玉米区
黄淮平原
春夏播玉米区
西南山地丘陵玉米区
成熟期（儒略日）
180~210
210~240
240~270
270~300
300~340
0
500
1000 千米
南海诸岛
1: 64 000 000

图 3-2　基准期玉米成熟期分布

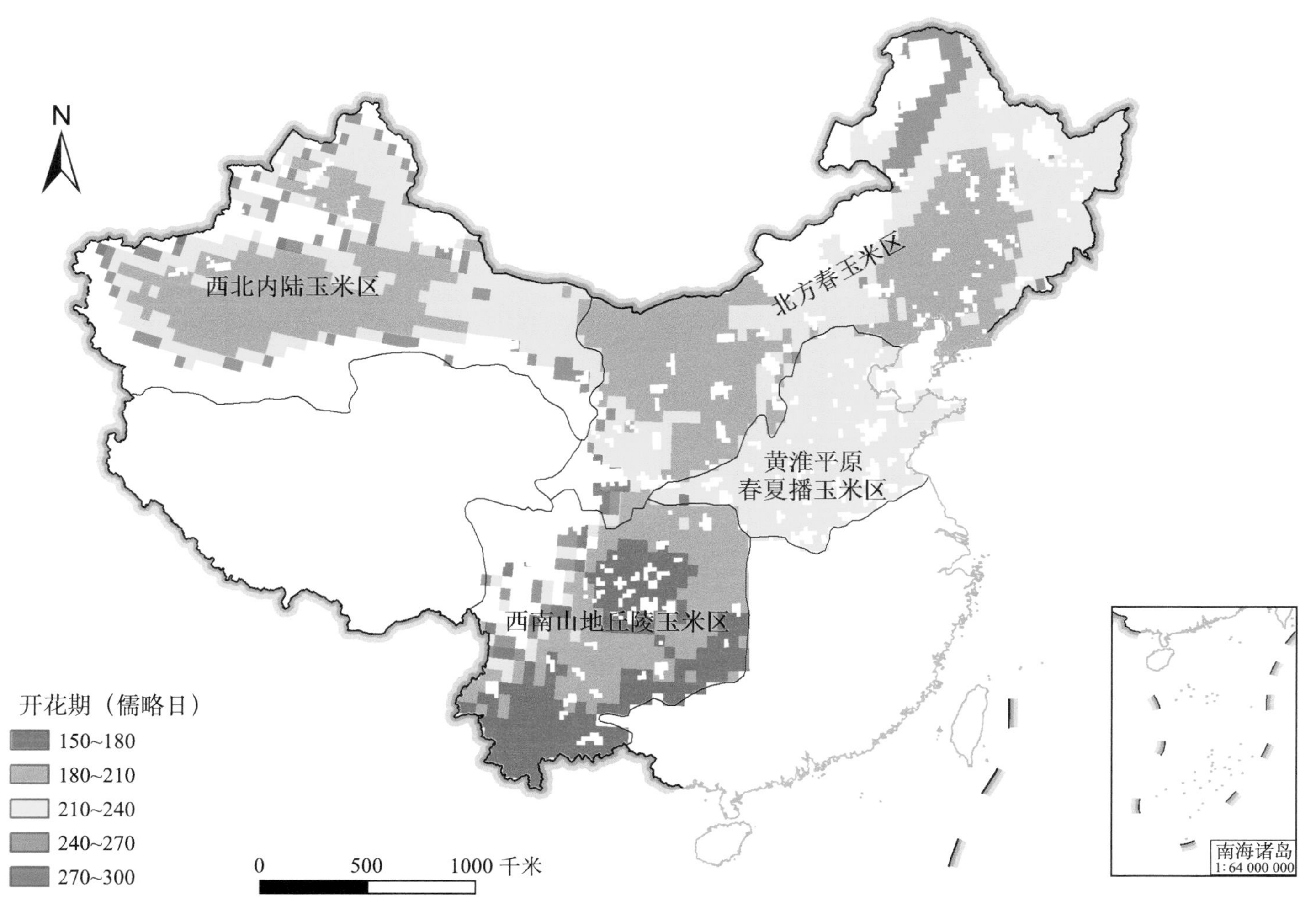
N
西北内陆玉米区
北方春玉米区
黄淮平原
春夏播玉米区
西南山地丘陵玉米区
开花期（儒略日）
150~180
180~210
210~240
240~270
270~300
0
500
1000 千米
南海诸岛
1:64 000 000

图 3-3　RCP2.6 情景下近期玉米开花期分布

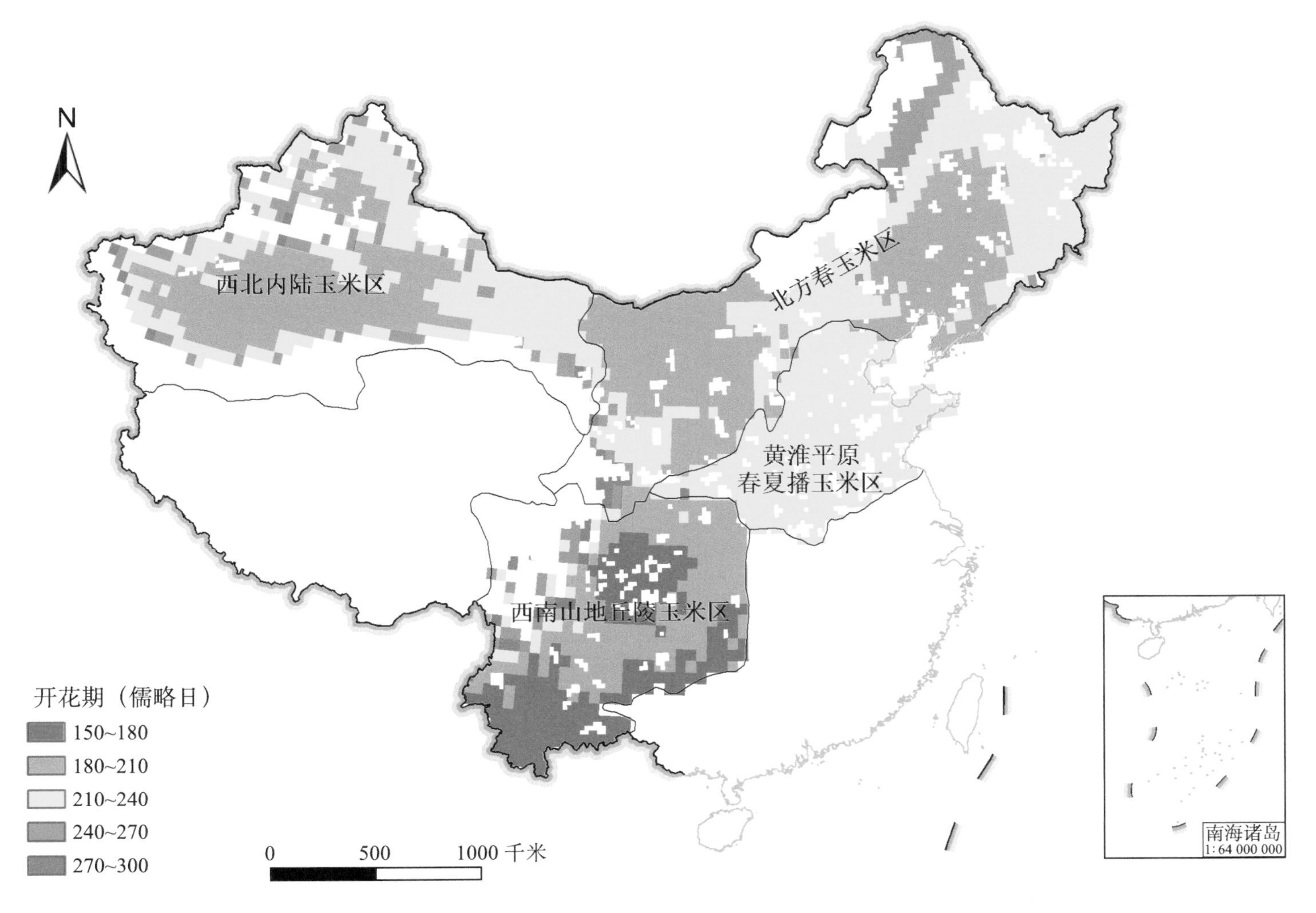
N
西北内陆玉米区
北方春玉米区
黄淮平原
春夏播玉米区
西南山地丘陵玉米区
开花期（儒略日）
150~180
180~210
210~240
240~270
270~300
0
500
1000 千米
南海诸岛
1: 64 000 000

图 3-4　RCP4.5 情景下近期玉米开花期分布

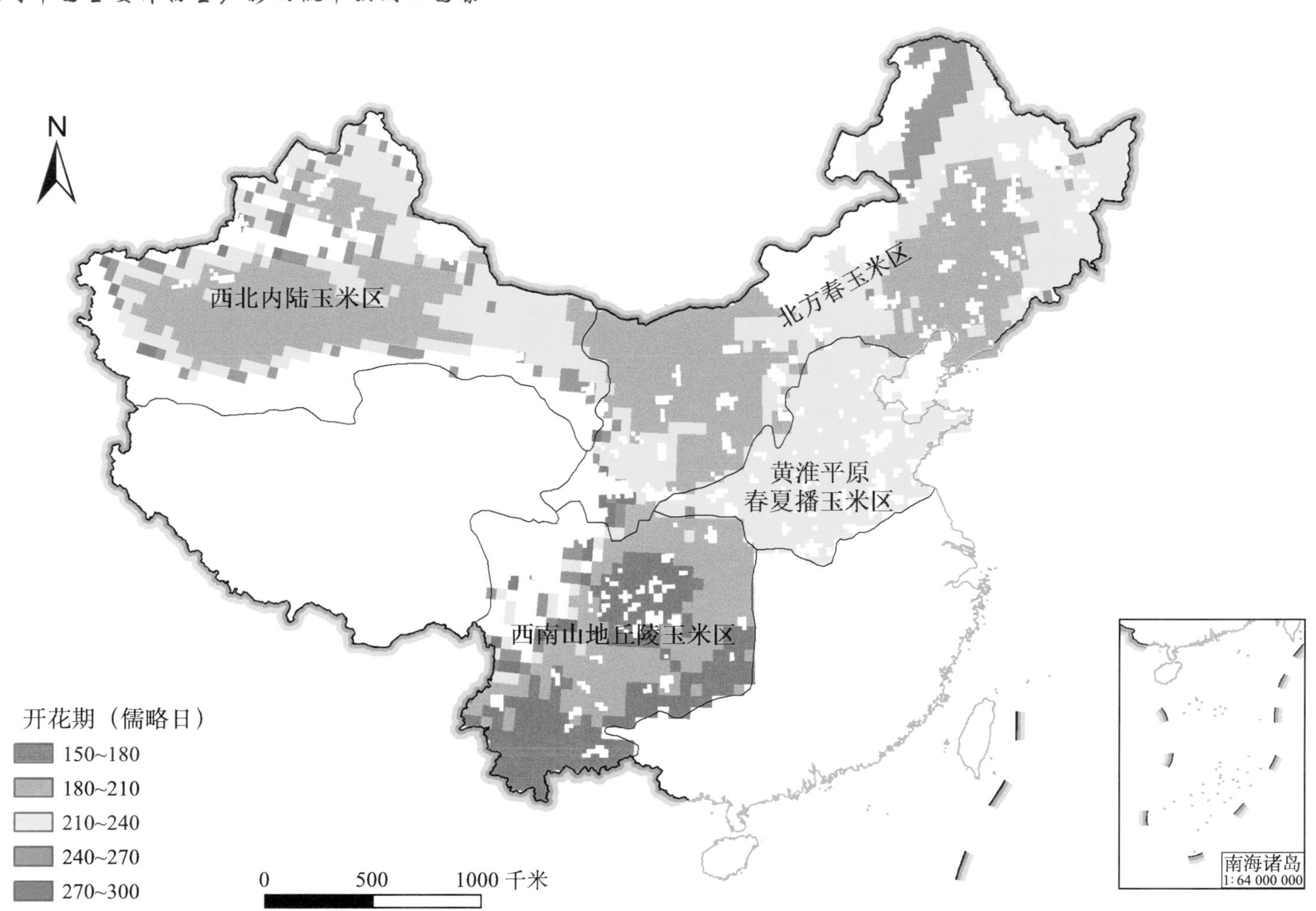
N
西北内陆玉米区
北方春玉米区
黄淮平原
春夏播玉米区
西南山地丘陵玉米区
开花期（儒略日）
150~180
180~210
210~240
240~270
270~300
0
500
1000 千米
南海诸岛
1: 64 000 000

图 3-5　RCP8.5 情景下近期玉米开花期分布

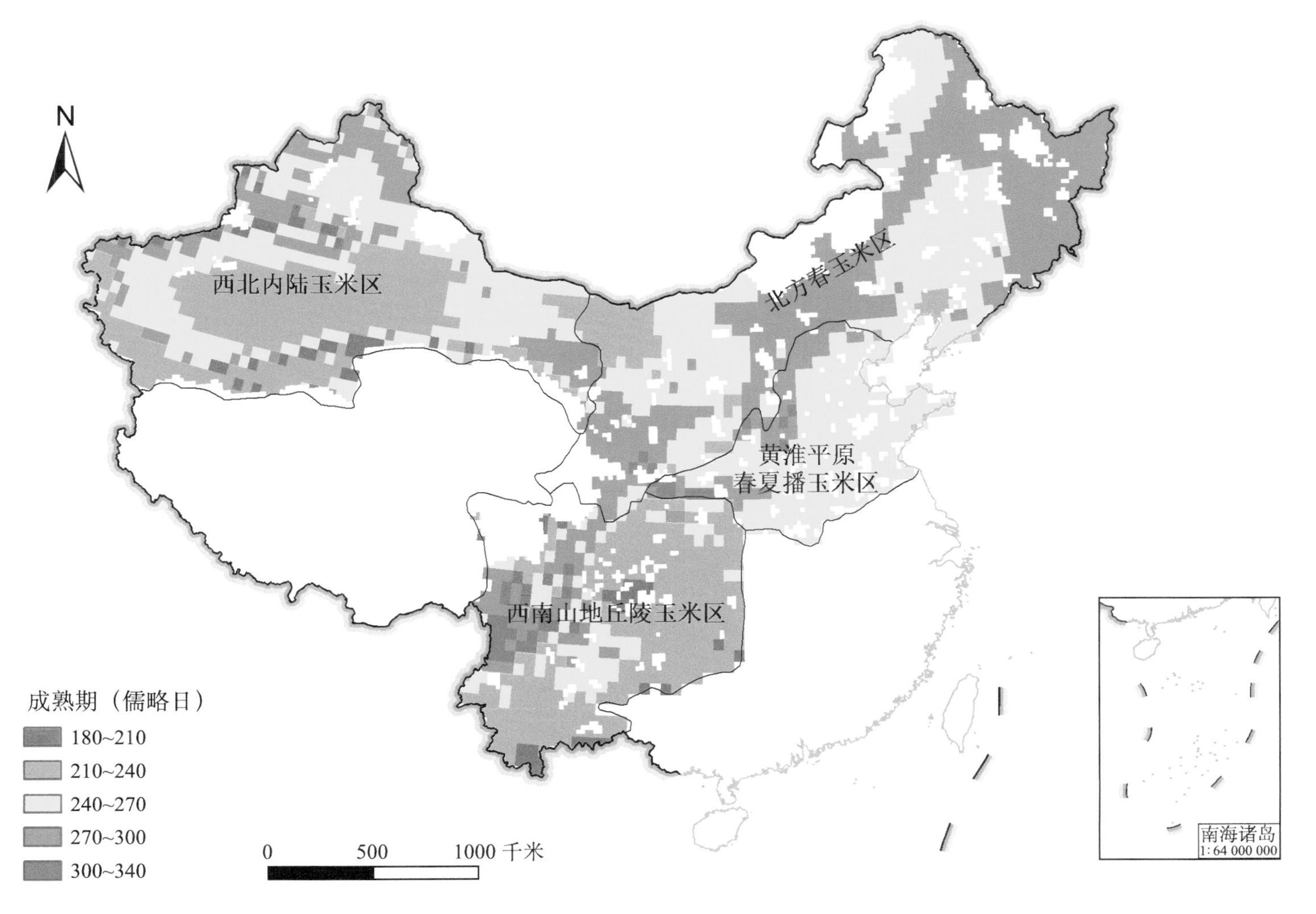
N
西北内陆玉米区
北方春玉米区
黄淮平原
春夏播玉米区
西南山地丘陵玉米区
成熟期（儒略日）
180~210
210~240
240~270
270~300
300~340
0
500
1000 千米
南海诸岛
1: 64 000 000

图 3-6　RCP2.6 情景下近期玉米成熟期分布

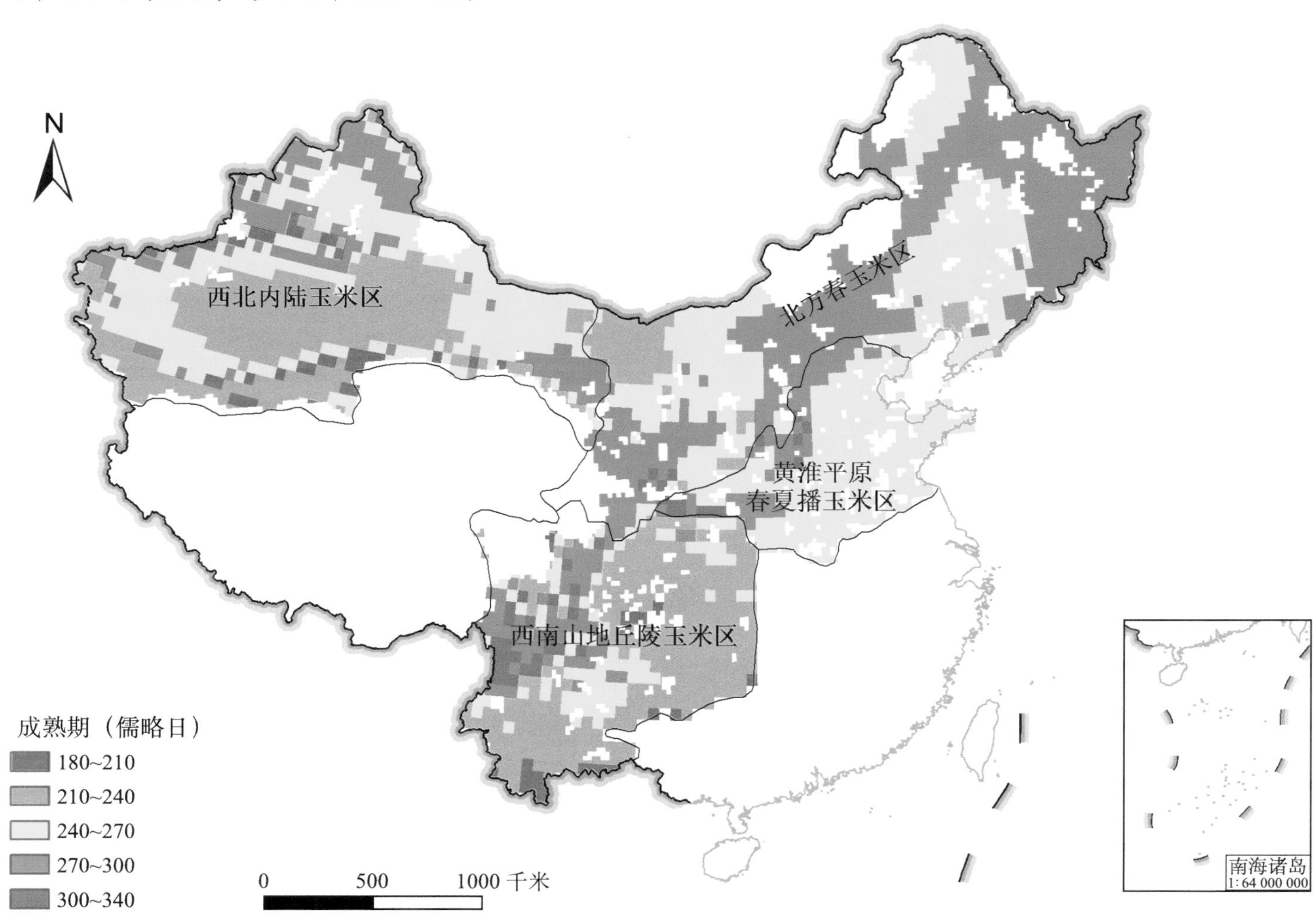
N
西北内陆玉米区
北方春玉米区
黄淮平原
春夏播玉米区
西南山地丘陵玉米区
成熟期（儒略日）
180~210
210~240
240~270
270~300
300~340
0
500
1000 千米
南海诸岛
1: 64 000 000

图 3-7　RCP4.5 情景下近期玉米成熟期分布

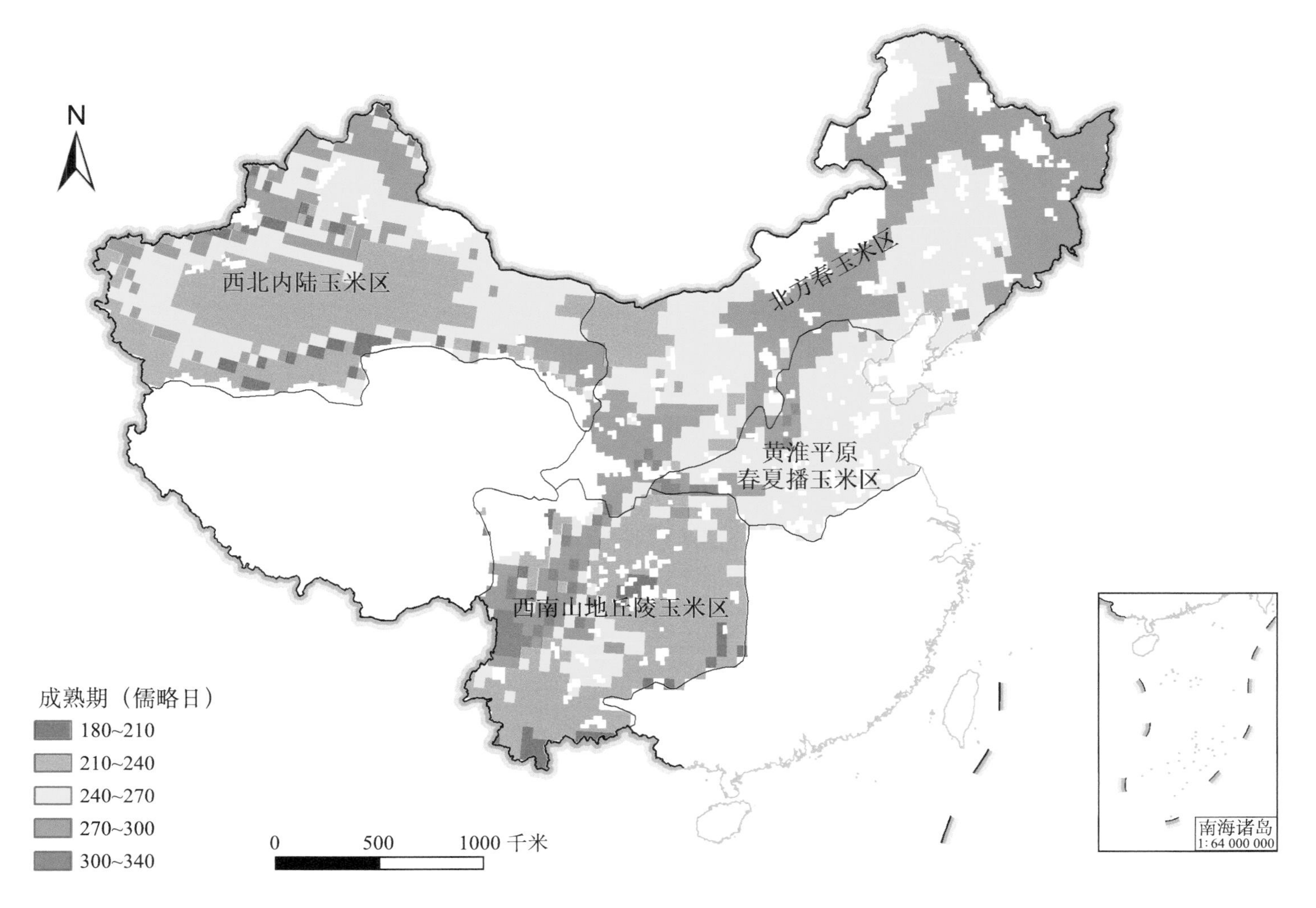
N
西北内陆玉米区
北方春玉米区
黄淮平原
春夏播玉米区
西南山地丘陵玉米区
成熟期（儒略日）
180~210
210~240
240~270
270~300
300~340
0
500
1000 千米
南海诸岛
1: 64 000 000

图 3-8　RCP8.5 情景下近期玉米成熟期分布

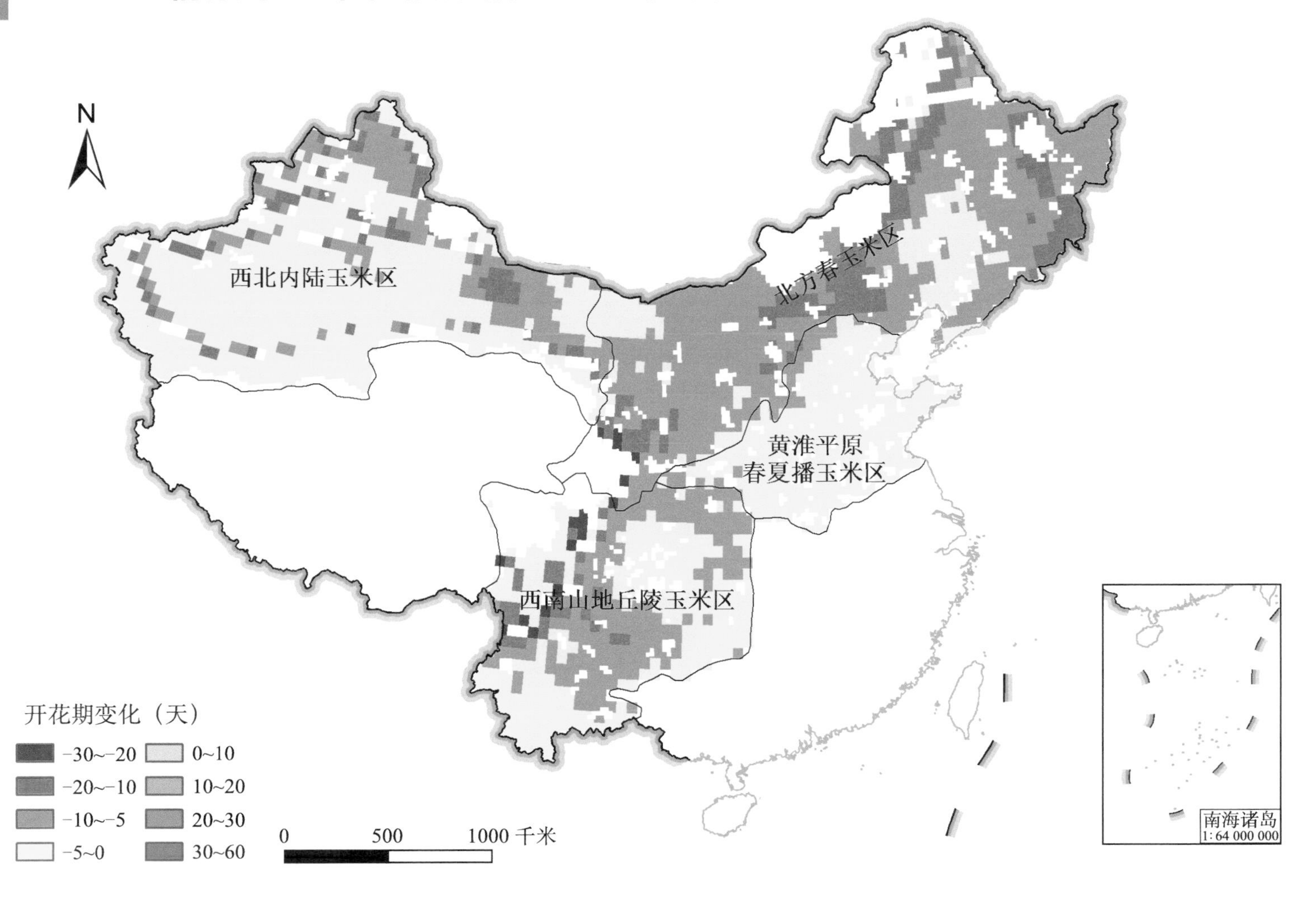
N
西北内陆玉米区
北方春玉米区
黄淮平原
春夏播玉米区
西南山地丘陵玉米区
开花期变化（天）
-30~-20
-20~-10
-10~-5
-5~0
0~10
10~20
20~30
30~60
0
500
1000 千米
南海诸岛
1: 64 000 000

图 3-9　RCP2.6 情景下近期玉米开花期变化

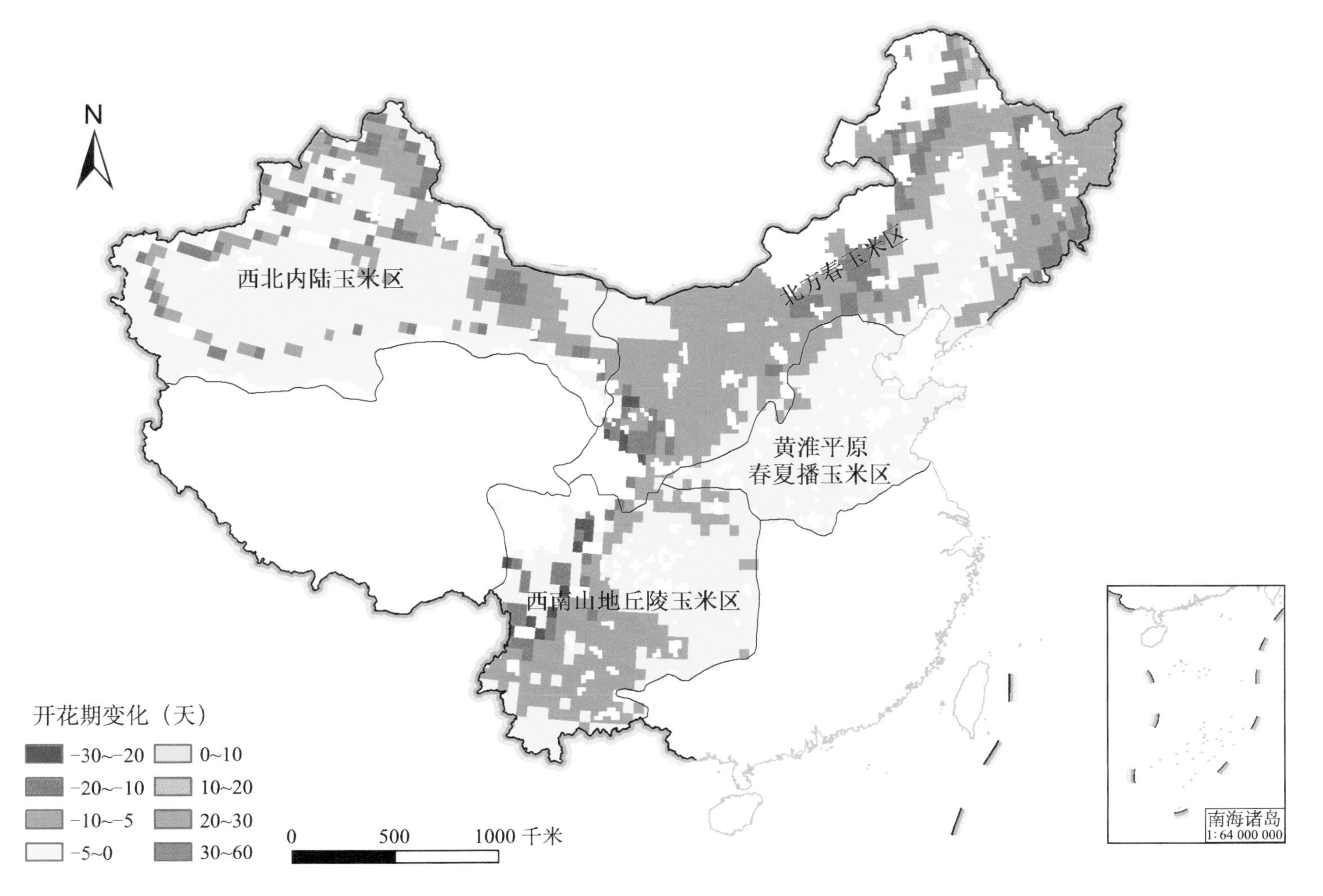
N
西北内陆玉米区
北方春玉米区
黄淮平原
春夏播玉米区
西南山地丘陵玉米区
开花期变化（天）
-30~-20
-20~-10
-10~-5
-5~0
0~10
10~20
20~30
30~60
0
500
1000 千米
南海诸岛
1: 64 000 000

图 3-10 RCP4.5 情景下近期玉米开花期变化

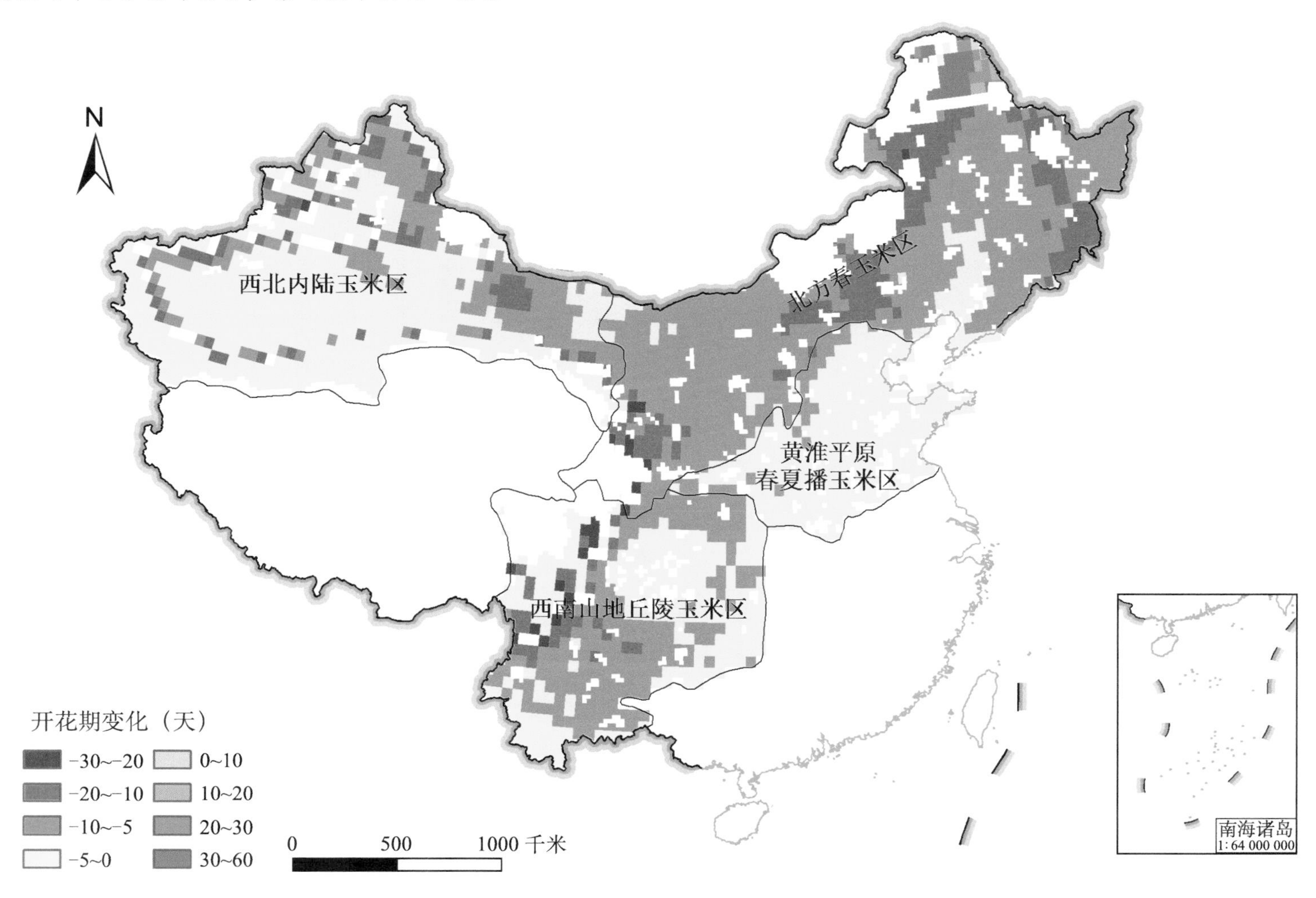
N
西北内陆玉米区
北方春玉米区
黄淮平原
春夏播玉米区
西南山地丘陵玉米区
开花期变化（天）
-30~-20
-20~-10
-10~-5
-5~0
0~10
10~20
20~30
30~60
0
500
1000 千米
南海诸岛
1:64 000 000

图 3-11　RCP8.5 情景下近期玉米开花期变化

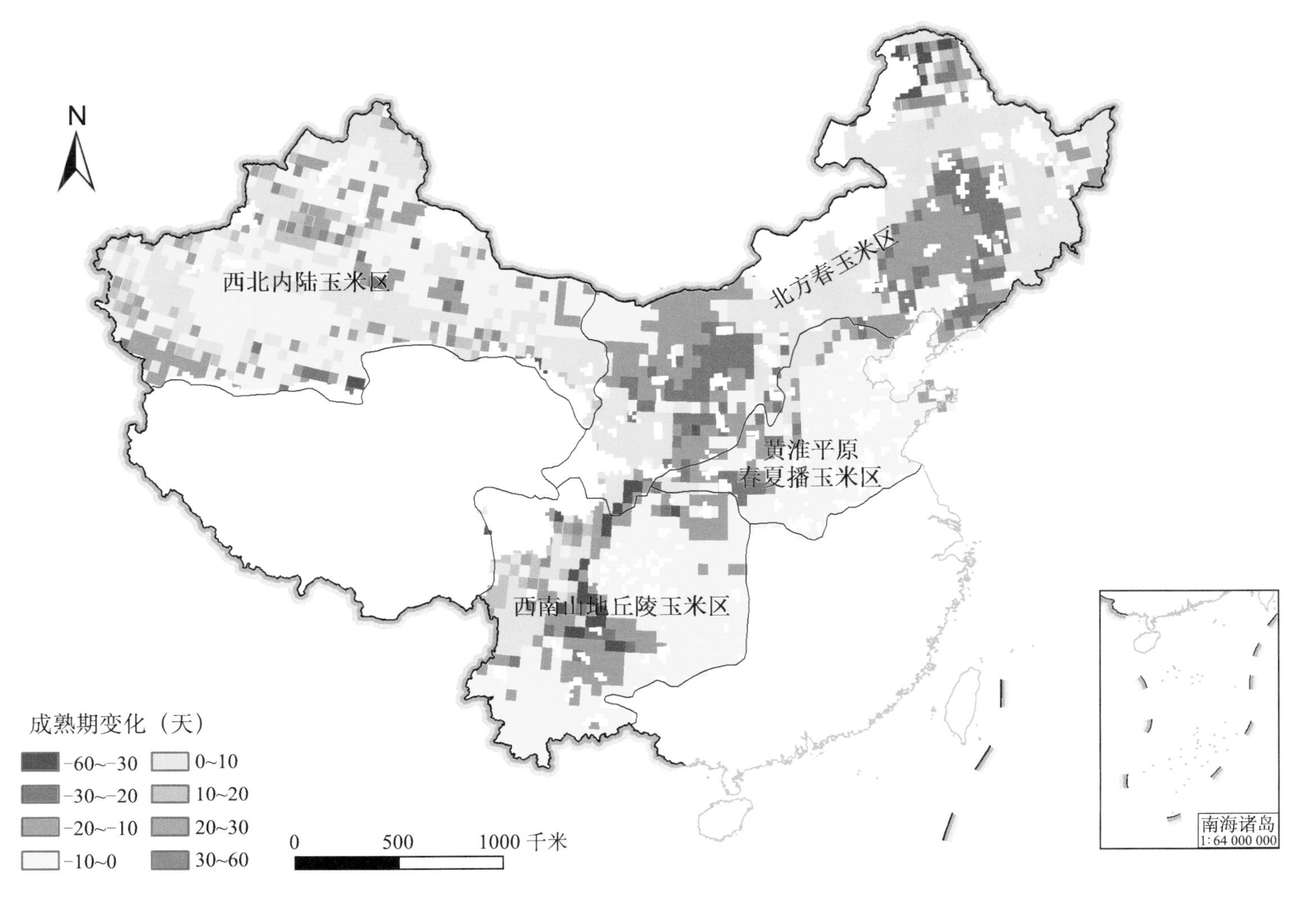
N
西北内陆玉米区
北方春玉米区
黄淮平原
春夏播玉米区
西南山地丘陵玉米区
成熟期变化（天）
-60~-30
-30~-20
-20~-10
-10~0
0~10
10~20
20~30
30~60
0
500
1000 千米
南海诸岛
1: 64 000 000

图 3-12　RCP2.6 情景下近期玉米成熟期变化

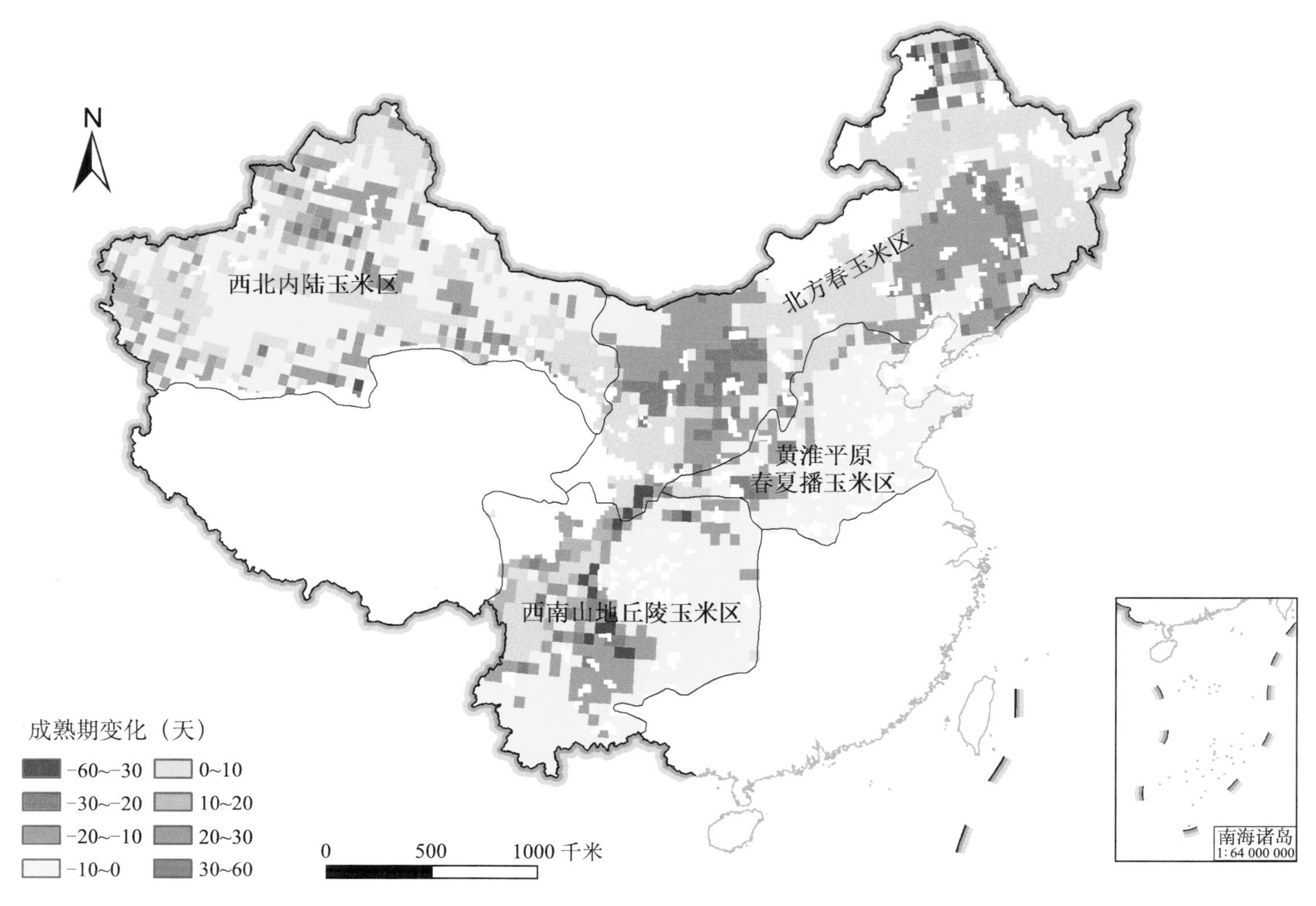
N
西北内陆玉米区
北方春玉米区
黄淮平原
春夏播玉米区
西南山地丘陵玉米区
成熟期变化（天）
-60~-30
-30~-20
-20~-10
-10~0
0~10
10~20
20~30
30~60
0 500 1000 千米
南海诸岛
1: 64 000 000

图 3-13 RCP4.5 情景下近期玉米成熟期变化

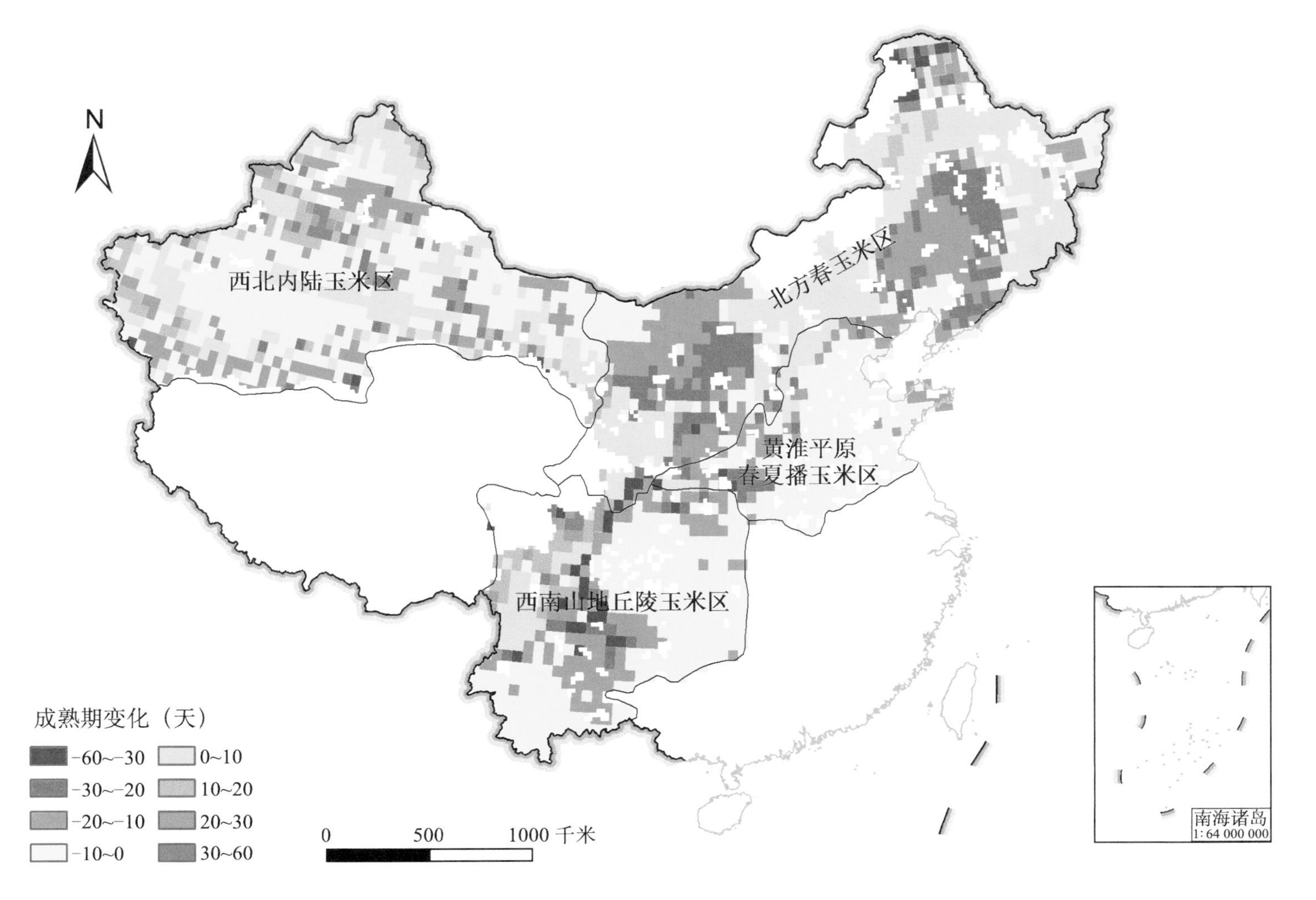
N
西北内陆玉米区
北方春玉米区
黄淮平原
春夏播玉米区
西南山地丘陵玉米区
成熟期变化（天）
-60~-30
-30~-20
-20~-10
-10~0
0~10
10~20
20~30
30~60
0
500
1000 千米
南海诸岛
1: 64 000 000

图 3-14　RCP8.5 情景下近期玉米成熟期变化

3.4 基准期玉米产量分布

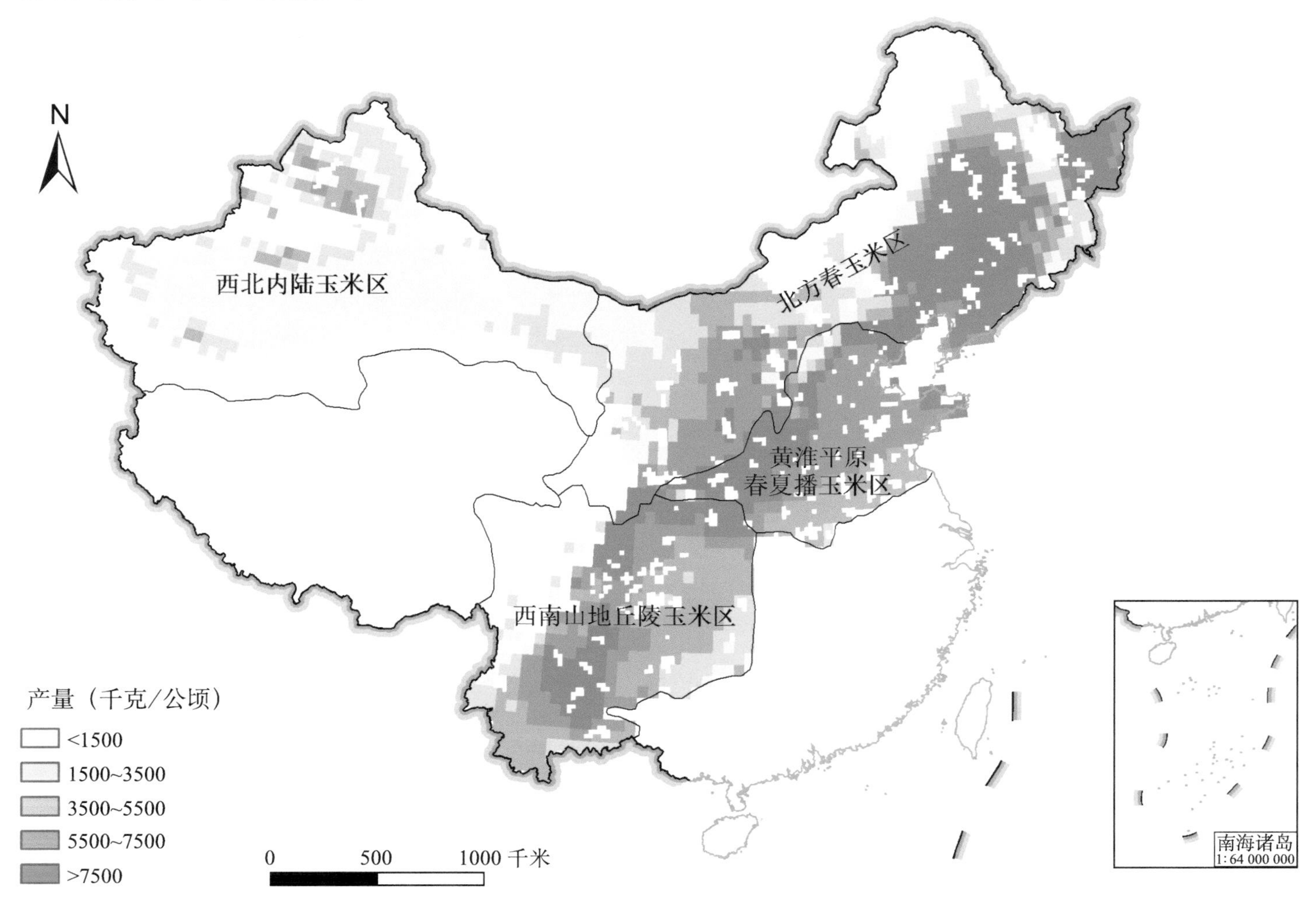
N
西北内陆玉米区
北方春玉米区
黄淮平原
春夏播玉米区
西南山地丘陵玉米区
产量（千克/公顷）
<1500
1500~3500
3500~5500
5500~7500
>7500
0
500
1000 千米
南海诸岛
1:64 000 000

图 3-15 基准期玉米产量分布

3.5 RCPs 情景下玉米产量分布

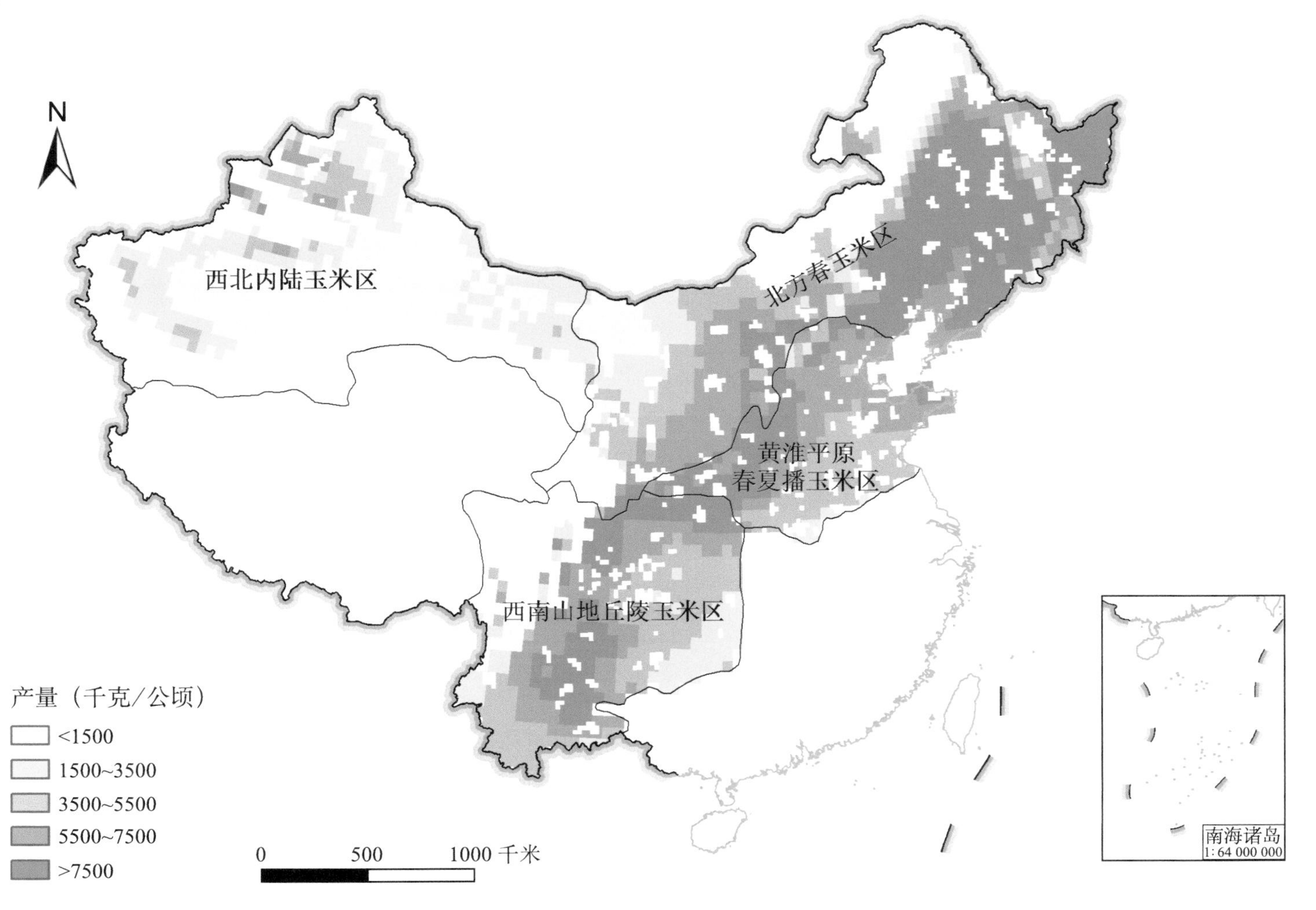
N
西北内陆玉米区
北方春玉米区
黄淮平原
春夏播玉米区
西南山地丘陵玉米区
产量（千克/公顷）
<1500
1500~3500
3500~5500
5500~7500
>7500
0
500
1000 千米
南海诸岛
1:64 000 000

图 3-16　RCP2.6 情景下近期玉米产量分布

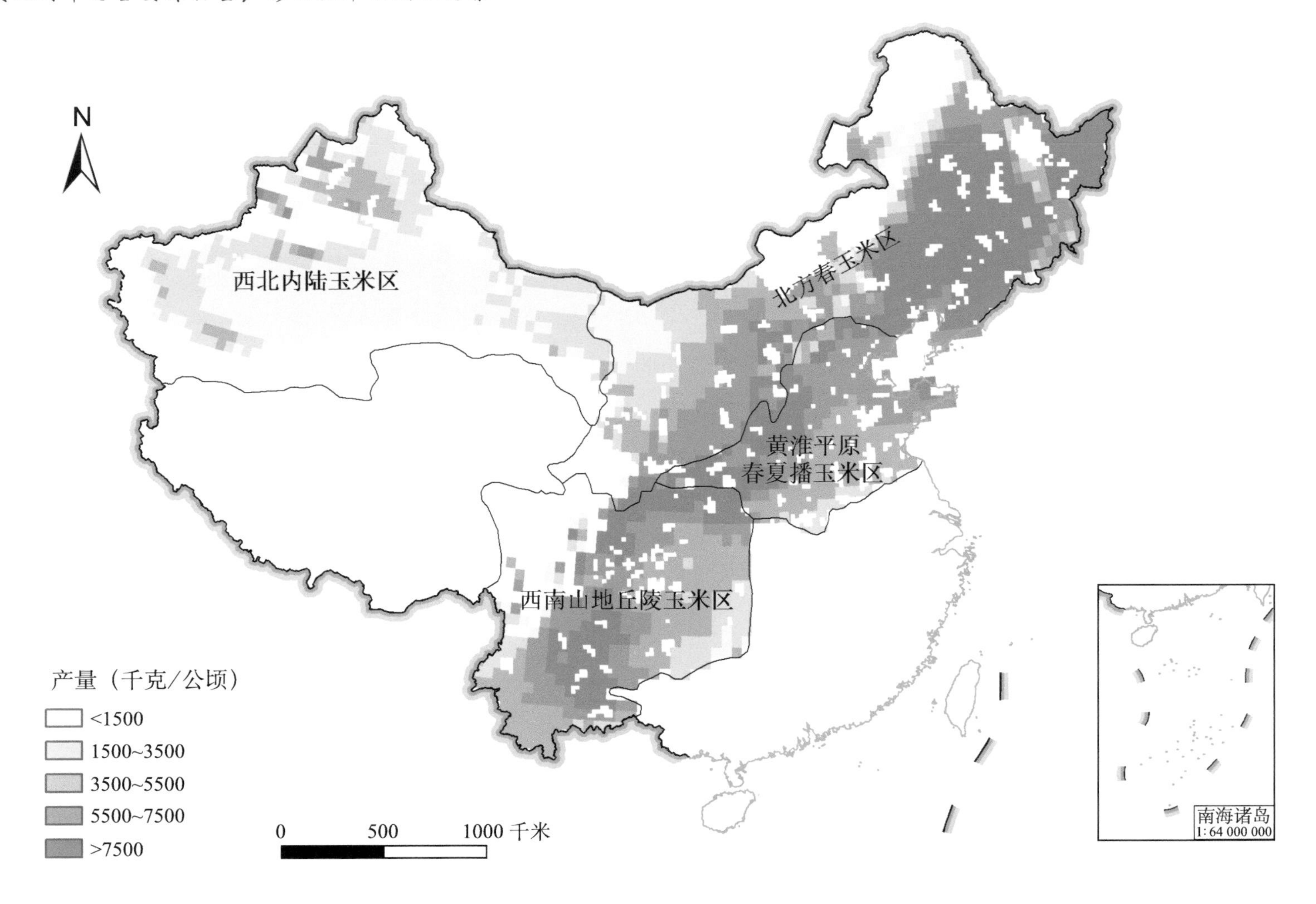
N
西北内陆玉米区
北方春玉米区
黄淮平原
春夏播玉米区
西南山地丘陵玉米区
产量（千克/公顷）
<1500
1500~3500
3500~5500
5500~7500
>7500
0
500
1000 千米
南海诸岛
1:64 000 000

图 3-17　RCP4.5 情景下近期玉米产量分布

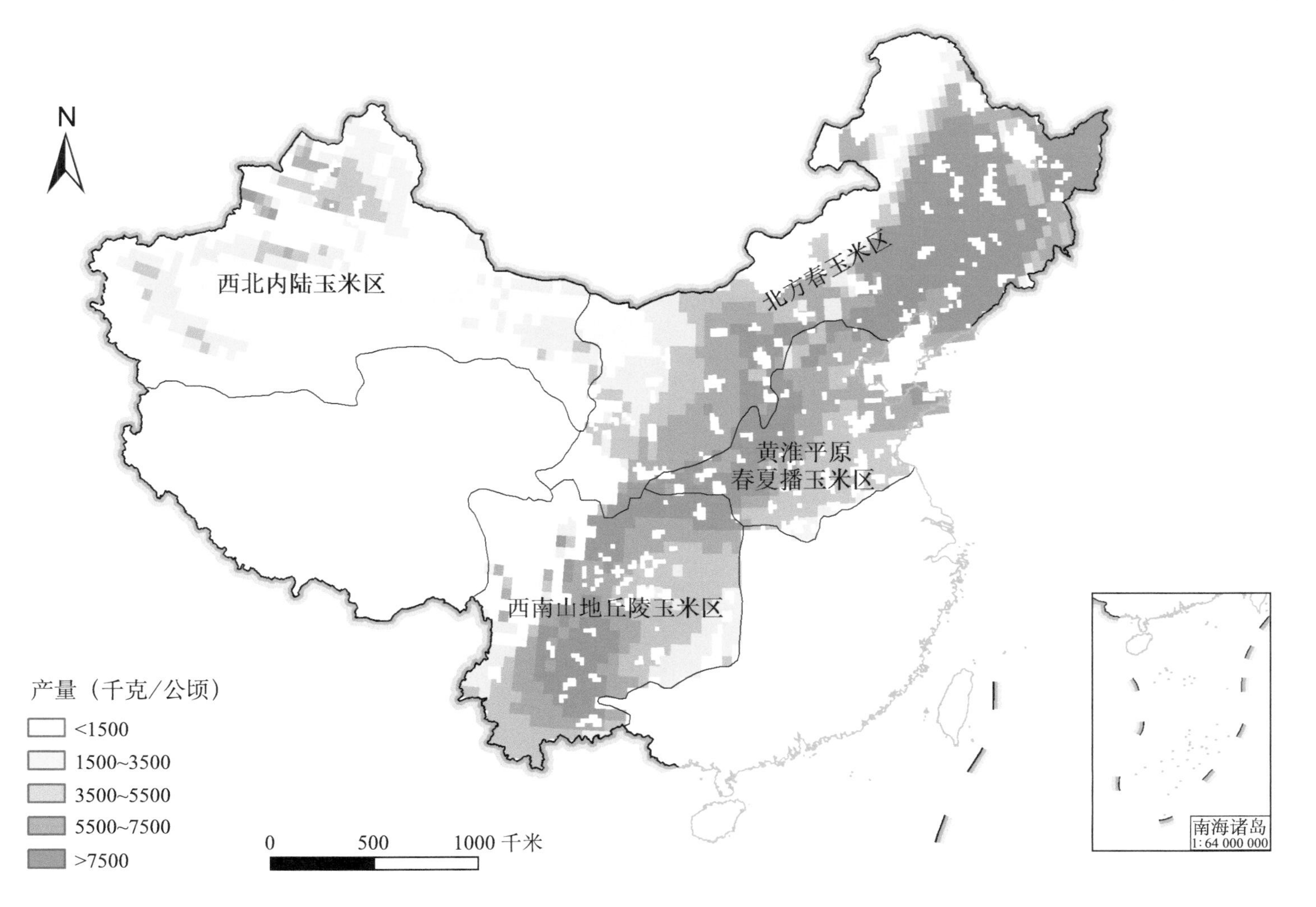
N
西北内陆玉米区
北方春玉米区
黄淮平原
春夏播玉米区
西南山地丘陵玉米区
产量（千克/公顷）
<1500
1500~3500
3500~5500
5500~7500
>7500
0
500
1000 千米
南海诸岛
1: 64 000 000

图 3-18 RCP8.5 情景下近期玉米产量分布

3.6 RCPs 情景下玉米产量相对于基准期变化

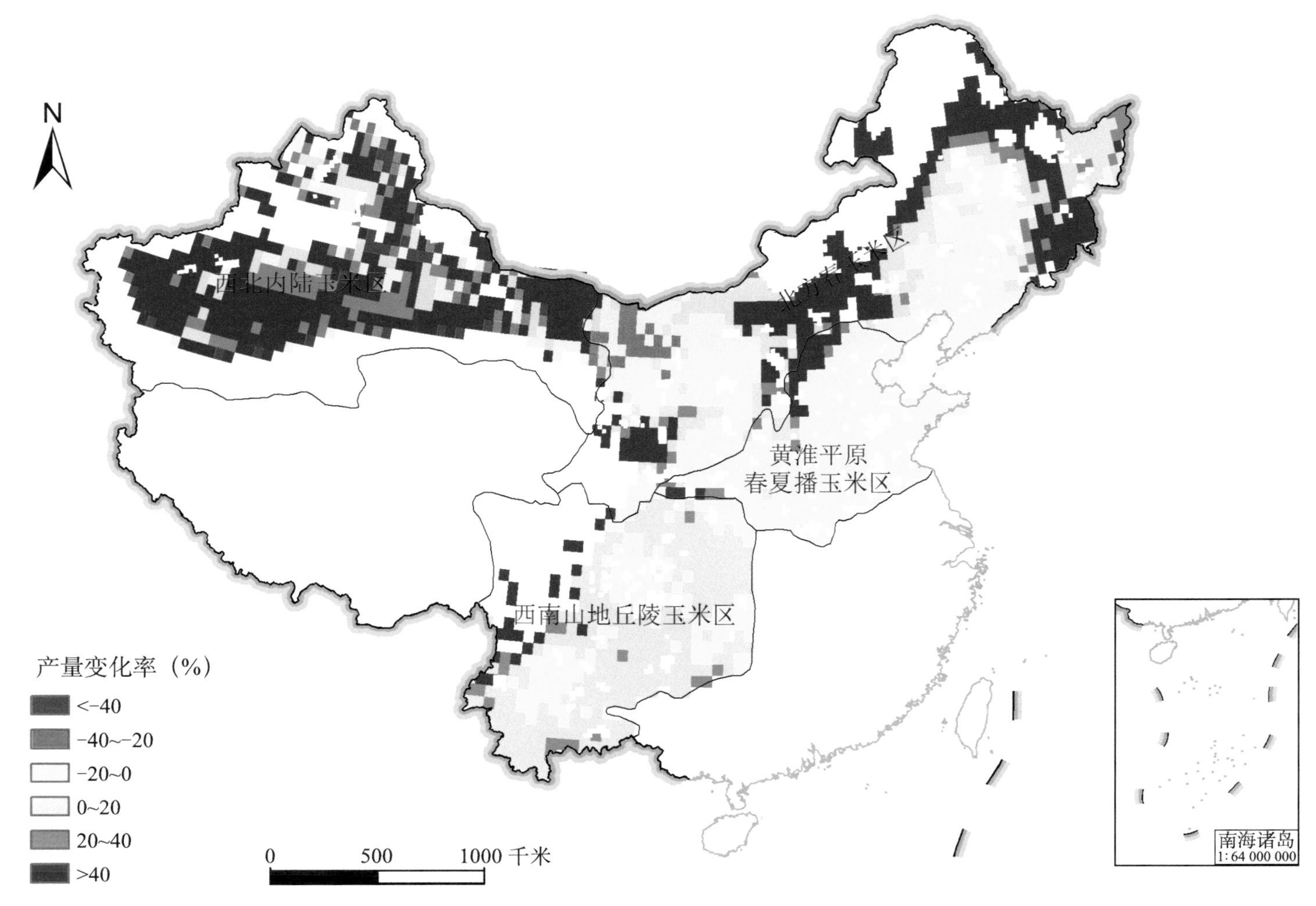

N
西北内陆玉米区
黄淮平原
春夏播玉米区
西南山地丘陵玉米区
产量变化率（%）
<-40
-40~-20
-20~0
0~20
20~40
>40
0
500
1000 千米
南海诸岛
1:64 000 000

图 3-19　RCP2.6 情景下近期玉米产量变化

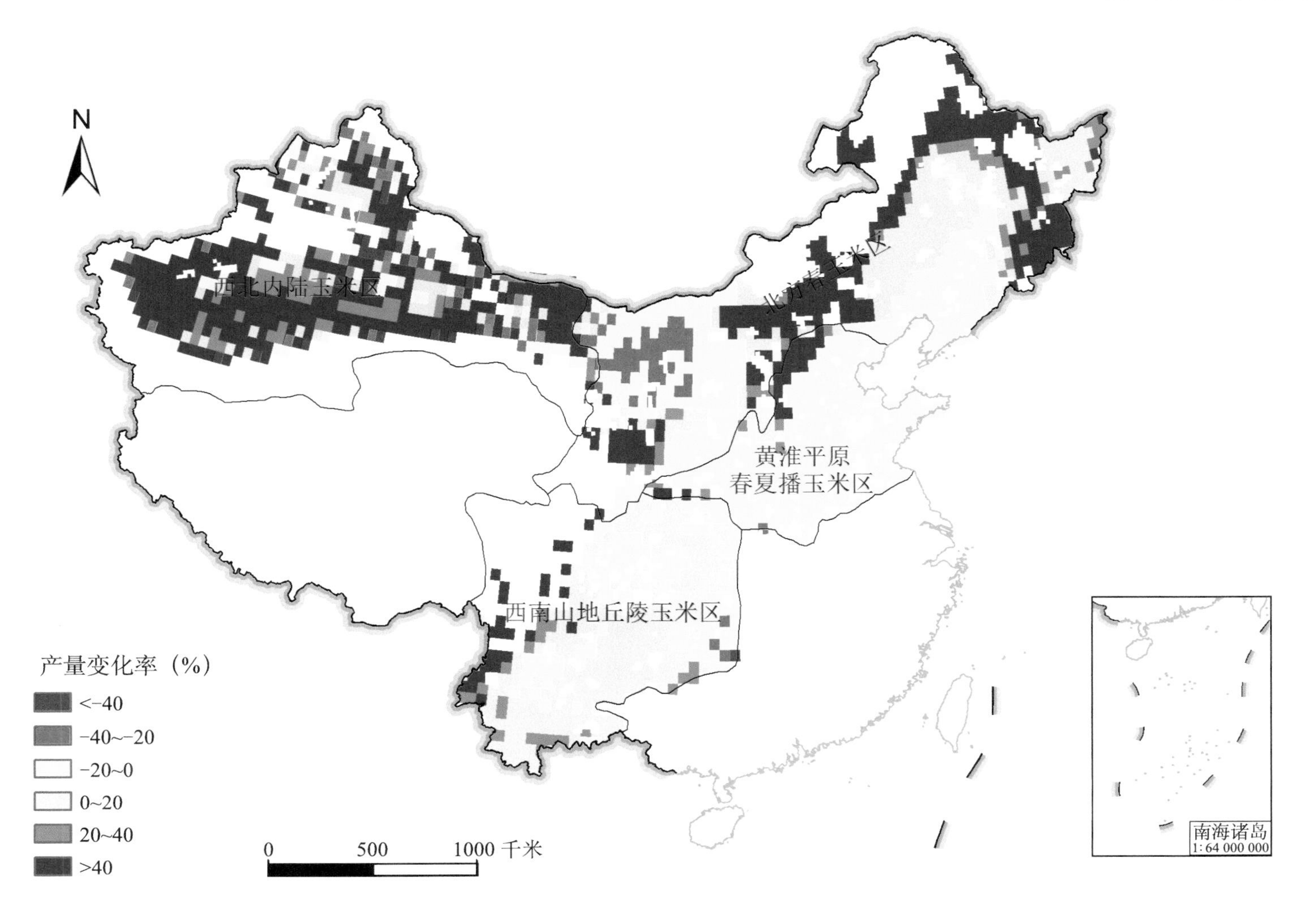
N
西北内陆玉米区
北方春玉米区
黄淮平原
春夏播玉米区
西南山地丘陵玉米区
产量变化率（%）
<-40
-40~-20
-20~0
0~20
20~40
>40
0
500
1000 千米
南海诸岛
1: 64 000 000

图 3-20 RCP4.5 情景下近期玉米产量变化

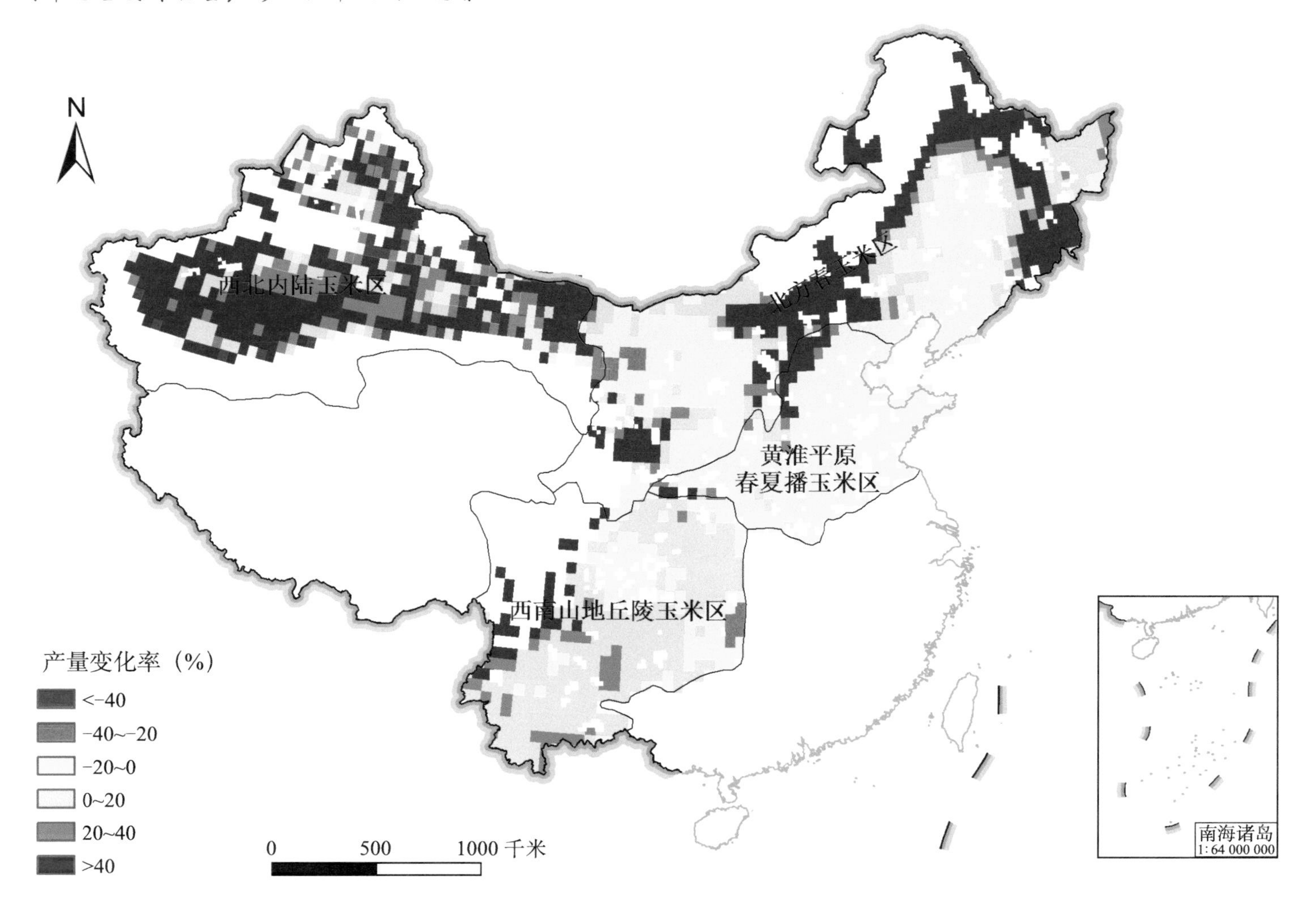
N
西北内陆玉米区
北方春玉米区
黄淮平原
春夏播玉米区
西南山地丘陵玉米区
产量变化率（%）
<-40
-40~-20
-20~0
0~20
20~40
>40
0
500
1000 千米
南海诸岛
1:64 000 000

图 3-21　RCP8.5 情景下近期玉米产量变化